大是文化

U0096118

高手帶人

教了、罵了，還是沒進步？火爆的、會哭的部屬怎麼溝通？

選人、用人、留人的痛點管理與應對策略。

當當網新書榜第一名暢銷作家

15年人資管理資歷、面試過上萬人的外商經理

賈琳潔——著

Contents

第二章

你的和他的情緒，都要管理 87

第三章

他是不想做，還是不會做 155

第四章

你無法改變一個人，只能選對人 213

第五章

留才，人在心也在 289

推薦序

選才、帶才、留才指南

法國里昂商學院全球人力資源與組織研究中心聯席主任／唐秋勇

在這個充滿競爭和變革的時代，有效的領導至關重要。本書為我們呈現了一幅成功的管理全景圖，揭示帶領與激勵部屬、處理人際關係、選擇與留住人才的要領。

作者透過深刻的洞察力，整理出一套務實的管理之道，章章實用、條理清晰。我們可以學習並透過書中深入淺出的分析，理解、教導、影響，並留住那些對我們事業發展至關重要的人才。

在第一章〈交派任務的技術〉，作者指出交代任務的正確方式，使部屬順利完成工作。書中提供了豐富的方法和技巧，協助人們建立一支高效、能夠協同作戰的團隊。〈你的和他的情緒，都要管理〉章節，協助讀者學習用正確的方式建立威信、處理與部屬間的矛盾、化解誤會，培養積極向上的工作氛圍。

而〈他是不想做，還是不會做〉這個章節，則為眾人示範了應對部屬拖延、躺平的情況，以及在讚美中激發團隊幹勁的方法。在第四章〈你無法改變一個人，只能選對人〉中，作者更聚焦於選才的重點原則，點出甄試階段精準選人，避免人才流失的方法。

最後，〈留才，人在心也在〉以留才收尾，教導我們在員工職業生涯的各個階段，如何維繫關係、提供支援，使團隊更具凝聚力。

本書不僅是一本管理手冊，更是協助主管認識各種複雜情況的百科全書。希望你在閱讀的過程中，能找到適合自己團隊的帶領方法和邏輯，成為一位卓越的領導者。

前言
兩個垃圾桶帶來的領導力啟蒙

二〇〇六年，那時我還是一名大二學生。該年暑假，青島舉辦的國際帆船賽向大學招收志願者，因為想嘗試新的挑戰，我報名了從未接觸過的工程部，最終幸運的通過選拔，成為其中一名志工。

帶領我們這些學生志工的，是從各政府單位抽調、有著豐富賽事籌辦經驗的管理者。到職第一天，主管帶著我到基地各處走動，邊熟悉環境邊介紹工作內容。那時，部分場館還在建設，各項設施也在陸續完善中，場館籌建、大小設施的配備都屬於我們部門的工作範疇。

當我們走到某座場館旁時，碰到工作人員正從一輛貨車上，卸下兩個又新又亮的不鏽鋼垃圾桶。這時，有位工作人員叫住主管，詢問這兩個垃圾桶該如何擺放。我拿起小本子準備記下對方如何安排工作，沒想到他看向我，又轉向工作人員說：「由小賈決定。」

「由我？」我驚訝的脫口而出。主管卻用輕鬆又平靜的語氣說：「對啊，交給妳。就按照妳的想法做，妳可以的。」於是，我來回打量場館門口區域，選了自認為最適合的位置，請工人將垃圾桶擺在那，完成了人生第一項工作任務。

我還記得那天的藍天白雲，陽光下閃閃發光的垃圾桶，和主管對我不帶一絲懷疑的眼神，開啟了我的轉變——由一個按老師想法做事的聽話學生，向能自主決定的社會人士邁進了一步。

幾年後，擔任管理職的我，在管理相關的研習課程上學到了「授權」這個詞，猛然想起這段經歷，原來，那位老主管用了這個技巧賦予我責任。但無論是當時或現在，我都不覺得他是刻意使用技巧管理我，因為，那時我感受到的內在力量和自信，不是單純的管理方式所能賦予的。

隨著我工作閱歷、管理經驗和領導力的提升，這個答案逐漸變得清晰且確定。這份力量的源泉，正是管理手段背後，對對方的信賴，是一種「我相信你，因為你本來就很好」的暗示。

這段經歷和感悟為我帶來啟發，在未來十五年的職業生涯中，指引我帶著「關注人」的態度做一位人力資源從業者、中階主管和諮詢顧問。而這份主動關注人的意識，融合了我在不同身分下觀察和實踐的累積，也讓我對領導者在帶領部屬時所面對的挑戰，有了更全面的認識，使我收穫更豐富的實戰經驗，以及能夠解決問題的見解。

這些經驗與見解，既幫助我在管理的路上見證更好的自己，成就了更好的團隊，也促成本書問世。

本書從中階主管最典型的用人痛點出發，圍繞工作指派、危機處理、激勵技巧、選才與留才等五大場景，收錄四十六個常見管理挑戰，囊括你會遇到的各類帶人問題。

你可以把本書當作方便查閱的工具，在你執行管理工作、面臨某個具體挑戰時，透過對應的主題，來查閱目錄中的對應章節，尋找諸如以下各種問題的解決之道：

- 核心員工突然提離職了，該怎麼挽留？
- 新人表現不如預期，難道是我選錯人？
- 何時才能擺脫部屬事無鉅細的依賴，做點自己的重要工作？
- 部屬一提點就生氣，如何與他更有效的溝通？
- 部屬一言不合就丟下工作不管，該哄還是該樹立威嚴？

本書結合 what（是什麼）、why（為什麼）、how（怎麼做）的思考邏輯，除了講述大量關於怎麼做的具體管理辦法和問題解決思路，對於你究竟要面對什麼問題、產生問題的原因是什麼、你為何會這樣思考或那樣決策、部屬又為何如此表現、這時該用什麼方法應對等，也有不少著墨。

希望書中的各種管理方法和理念，能協助你與部屬順利互動，令你掌握帶人的訣竅。

序章
領導力自我評估表

團隊管理的挑戰無處不在，你是否時而因為部屬的支持感到自信滿滿，時而又因為核心員工突然離職，不由的自我懷疑？

如果你想進一步認識自己目前的領導力狀態，不妨在閱讀正文前，花幾分鐘完成以下測試，這不只能幫助你快速了解當下狀態，還能協助你辨別適合優先閱讀的章節，以更快解決困擾。

以下測驗共有二十道題目，請根據自己的實際情況，勾選一至五分區間內的選項答案（一分表示完全不符合，五分表示非常符合）。

序號	題目	完全不符合（1分）	較為不符合（2分）	一般（3分）	較為符合（4分）	非常符合（5分）	分數加總
1	能準確識別不同部屬的工作成熟度，並以相對的領導行為應對，使管理的效果事半功倍。	□	□	□	□	□	□
2	能以不同輔導方式，應對部屬能力和行為上的差距。	□	□	□	□	□	□
3	能將輔導部屬的過程融入日常管理工作，而不是出現問題才介入干預。	□	□	□	□	□	□
4	能夠有效培養部屬的領導力，建設健康、可持續的領導團隊。	□	□	□	□	□	□
5	能運用有效的方式，拒絕或糾正部屬的行為，使其有動力改進。	□	□	□	□	□	□
6	能與部屬良好溝通，他們也願意向你表達自己的想法和感受。	□	□	□	□	□	□
7	能理解部屬的負面情緒與狀態，協助其找到解決問題的方法。	□	□	□	□	□	□
8	能在團隊中建立威信，使部屬積極支持團隊工作。	□	□	□	□	□	□
9	能有效建立與部屬間的信任關係，提升他的歸屬感與忠誠度。	□	□	□	□	□	□

（接下頁）

序號	題目	完全不符合（1分）	較為不符合（2分）	一般（3分）	較為符合（4分）	非常符合（5分）	分數加總
10	能夠激發部屬以潛在成就為目標，或讓其產生自我提升的動力。	☐	☐	☐	☐	☐	☐
11	能透過有效方式，激發部屬責任感。	☐	☐	☐	☐	☐	☐
12	面對能力比你強的部屬，能運用有效的方式，使其願意支持你並積極投入工作。	☐	☐	☐	☐	☐	☐
13	能針對團隊關鍵職缺建立清晰選才標準，並一以貫之。	☐	☐	☐	☐	☐	☐
14	能掌握專業面試技巧，並充分、有效挖掘應徵者資訊。	☐	☐	☐	☐	☐	☐
15	能準確評估應徵者與職缺適配度，做出正確選才決定。	☐	☐	☐	☐	☐	☐
16	能有效吸引合適的應徵者加入團隊，很少錯失人才。	☐	☐	☐	☐	☐	☐
17	清楚影響團隊成員穩定性的關鍵因素，且善於建立相關機制，提升團隊敬業度與穩定性。	☐	☐	☐	☐	☐	☐
18	能了解團隊成員的穩定程度，很少出現部屬突然提離職的情況。	☐	☐	☐	☐	☐	☐

（接下頁）

序號	題目	完全不符合（1分）	較為不符合（2分）	一般（3分）	較為符合（4分）	非常符合（5分）	分數加總
19	能夠具前瞻性的提升部屬的穩定度，而不是總在部屬提出離職後，才被動介入。	☐	☐	☐	☐	☐	☐
20	能運用有效靈活的方式，應對核心員工的離職決定，提升其留任意願。	☐	☐	☐	☐	☐	☐

完成測試後，請依次以 4 道題為一組的方式加總分數，並對應測試結果，識別你在各方面的團隊領導狀態。根據結果，你可以優先選擇得分相對偏低的章節閱讀。當然，你也可以按照本書的順序依次詳讀，相信書中經典的管理場景和實用的管理方法，一定會讓你大有收穫。

輔導能力	1～4題	5～8題	9～12題	13～16題	17～20題
應對領導力	輔導能力	影響力	激勵部屬	選拔人才	留住人才
應對章節	第一章 交派任務的技術	第二章 你的和他的情緒，都要管理	第三章 他是不想做，還是不會做	第四章 你無法改變一個人，只能選對人	第五章 留才，人在心也在
分數參考	每 4 道題目代表一種領導力，每組滿分 20 分。 17～20 分：目前在該項領導力上表現出色，請繼續保持。 13～16 分：目前在該項領導力上表現良好，請繼續精進。 12 分及以下：目前在該項領導力上仍有進步空間，請加強投入的力度。				

第一章

交派任務的技術

01 指令越清楚，他完成度越高

上下級之間有一種痛，叫做「互相折磨的痛」。主管指派任務時，覺得自己已經說得夠清楚了，部屬卻總是做出不盡人意的成果，只好要求他一遍遍修正；部屬也不好過，覺得自己做的就是主管要的，卻反覆被退回重做，只能暗自埋怨對方不珍惜他的勞動成果。這樣的折磨來上幾回合，早晚兩敗俱傷。主管會覺得這個部屬能力有問題，而部屬則認為是主管陰晴不定，始終不曉得對方的標準在哪裡。

一個任務要能被順利完成，在交派過程，必須具備明確性。交派任務時，說明得越清楚，部屬理解得越到位，任務達成的可能性就越高。在現實中，交付工作這件事可能常常被三言兩語帶過，你總是選擇把更多的時間精力放在部屬的執行面向上。這種本末倒置的結果是，前面節省的時間，會在後續執行任務的過程中「加倍奉還」。

回顧一下你平時怎麼交派部屬任務。以下場景，是否讓你感到熟悉。

「小李，你把上一季度各門市的銷售資料彙整好，下班前交給我，明天我開會要用。」

聽到這個指令的小李，會出現幾種內心戲：

- 「明天要開的是什麼會？這個資料是做什麼用的？我只要彙總資料，還是連方案也要分析？要從什麼角度分析？」
- 「主管要的資料應該就是上個季度我做過交給他的那種，這回用同樣的方法做一份給他就行了。」
- 「這次怎麼要得這麼趕？有些門市的資料不好取得，該怎麼辦？」

面對這些不同的內心戲，小李有可能會向你提問確認，或對事情抱著既定的認知，領了任務就回去做。如果是後者，這三種內心戲就依次對應了這種交代方式，會為部屬帶來的三個問題：

- 不知道這個任務的目的是什麼。
- 不知道自己的做法對不對。
- 遇到問題不知道該怎麼辦。

有效指派工作的三步驟

如果管理者不能有效下達工作指令，選擇依賴部屬的認知和主動性，那麼部屬在後續執行過程中就會隱患重重。管理者可以遵循以下三個步驟：澄清任務背景與目的、確認關鍵做法以及雙方達成一致，把工作內容說明清楚。

步驟一：澄清任務背景與目的。明確的告訴部屬要做什麼，以及為什麼這麼做。有時，你以為部屬知道你要的是什麼，但其實自己也沒想清楚。以下三個問題，可以協助你釐清自己指派任務背後的目的是什麼。

・我需要透過該任務，解決什麼問題？

「近兩個月的銷售總額都有下滑，我要透過銷售資料，判斷這是偶發或持續性的問題。」

・為什麼需要解決這個問題？

「這決定了我在明天的會議上，要向主管申請什麼樣的支持，即時改善虧損情況。」

・我想要的結果是什麼？

「我希望資料能充分證實問題在哪，判斷主管可能就資料追問的問題，提前準備。」

步驟二：確認關鍵做法。清楚解釋任務目的，任務就成功了一半。而為了促成任務進一步成功，你得告訴他你希望他怎麼做。

部屬根據對任務目的的理解，會開始在腦中勾勒具體的執行步驟。這時，有經驗的部屬可能已經心中有數，但也可能因為該任務具有挑戰性，出現不知從何下手的情況。

無論是哪種情況，你都需要**具體表達你的期待，讓有想法的部屬印證設想，沒頭緒的部屬得到明確的方向。**

根據任務屬性的不同，你可以選擇按照時間型、步驟型、結構型、組合型，這四種方式講解執行方法。

• 時間型：多用於溝通型任務，以時間線進行說明。例如：「請你今天下午和人力資源部確認好新人上班時間，明天上午十點前通知行政部門，做好新人入職準備。」

• 步驟型：用於按一定順序開展的任務。例如：「你先收集近一年的市場資料，再把公司今年的資料統計好，對比市場和社內資料，整理出結論。」

• 結構型：用於含有不同子元素的任務。例如：「請務必在下週三前完成展覽的籌備工作，確保布展、客戶邀約、禮品採購、樣品準備等工作都到位。」

• 組合型：指將時間、步驟、結構組合說明的任務，多用於較複雜的情況。

步驟三：雙方達成一致。交派任務不是單向的說給部屬聽，你表達得再清楚，部屬難免會因為理解能力、對背景的了解不足等因素，誤解部分資訊。所以，**交付工作是雙向溝通，有來（你介紹任務背景、目的和做法）就有往（員工確認你說的資訊），只有這樣才能即時發現須澄清的問題，最終確保雙方達成一致。**

三種方式，達成共識

以下有三種方法能幫助你和部屬達成共識。

方法一：請部屬提問。這是溝通時必須使用的方法，介紹完任務背景、目的和做法後，可以請部屬提問。你可能會說：「我問了啊，他說『都明白』、『沒問題』，結果交回來的一堆問題。」那你是怎麼問的呢？

如果你是以「聽懂了吧？」、「沒什麼問題吧？」這種封閉式問題提問，部屬就只能回答是或否。而這種提問帶有「你不會有什麼問題」的期待，員工往往不會回答「否」，更傾向於回答「明白了，沒問題」。

想讓部屬提出問題，你得先問對問題。只要把封閉式提問轉換為開放式提問，效果就會大幅改變。

- 「針對我剛才說的內容，說說看你不理解的地方吧。」
- 「你覺得執行上哪些部分比較困難？」

這樣問就可以打開部屬的話匣子，你不只能夠聽到需要進一步澄清的問題，還有機會聽到部屬需要哪方面的支援，從而盡早為其提供資源。

方法二：請部屬複述。你也許會碰到這種情況：用正確方式提問了，部屬也確實回應沒有問題。如果是對任務熟練、能幹的人，或對事情背景來龍去脈很了解的員工，也許他真的沒有問題。不過，但凡不具備以上熟練度或經驗者，都建議你再次確認他的理解程度。請他複述，就是一個非常簡單且有效的方法。

- 「我剛說明了這麼多，你能談談自己對這些內容的理解嗎？」
- 「對於接下來該怎麼做，你有什麼打算？」

如此一來，你能很快發現，在他的理解和你的期待間是否有出入、哪裡有出入，更即時的進行校準、澄清。

方法三：製做樣本。現代職場中，知識型工作多見，意味著執行這些任務的工作者會依照個人對任務的理解，調用知識、能力、經驗來完成任務，這些任務通常沒有標準的唯一答案。

因此，即便你的任務交代得再清楚，部屬的理解再到位，也不可能保證結果沒有一分一毫的差別。為了即時糾正偏誤，避免在部屬回去費了很多時間精力把成品帶回給你，才發現存在巨大的偏差，可以先請對方花一點時間做樣本或架構，經你確認方向沒有問題後，再沿著這個脈絡繼續執行。

- 「根據我剛才說明，你先列一個行動計畫跟我核對一下。」
- 「你先完成一個架構，沒問題的話再開始分析。」

還記得前面交代給小李的資料彙整任務嗎？接下來，我們試著用三個發派任務的關鍵步驟，來模擬交代任務的過程。

首先，澄清任務背景與目的：「小李，你幫我彙整從上季度開始至今的各門市銷售資料。我發現近兩個月的銷售總額都有下滑，我需要透過銷售資料來分辨這種下滑的情況，是偶然發生還是持續性的。明天我正好和王總有會議，打算跟他彙報這個情況，如果情勢不樂觀，我會向他爭取資源支持。希望你的資料能夠盡可能的證實問題是什麼，預估王總可能會就資料追問的問題，並提前在數據上做好準備。」

接著，確認關鍵做法：「資料要呈現的內容，包含所有門市銷售總額與店銷售額、與前一期和去年同期的資料比較，以及門市對異常資料的解釋。時間緊迫，待會我會跟各門市店長打好招呼，請他們把不完整的門市資料補充完整，方便你調取資料。」

最後，雙方達成一致：「針對我剛才說的內容，你有什麼不理解的地方嗎？覺得有什麼困難需要協助？如果沒有，說說你的下一步打算。可以結合你的理解，先做出個資料架構，下午兩點前我有時間，我們先核對一下。」

02 教了、罵了，還是沒進步

在工作中，管理者難免會遇到部屬表現不佳帶來的挑戰。他們也許之前表現得還可以，這陣子突然變差，或從沒讓你放心過。有的不遵守規則、有的拖延交付任務時間、有的總上手不了新任務、有的老是犯同樣的錯誤。你也教了、談了、罵了，沒過幾天，又變回老樣子。你很無奈，心想是否還有什麼可嘗試的輔導工具沒用上。

這是帶領團隊過程中常見的場景，也是作為主管經常步入的誤區：因為太想改變部屬行為，一頭栽進解決問題的行動裡。當A方法不管用，就急著切換成B策略、C方針。但其實，想讓輔導有效，在尋找解決問題的具體方法前，需要先搞清楚部屬表現不佳的原因，才好對症下藥。

就像醫生看診，雖然觀察到病人頭痛，但不會直接開藥方，而是透過問診、做檢查等方法，找到病因，再給出適當的治療對策。

管理者只關注「做什麼」，而優秀領導者在乎「為什麼」。當部屬工作表現不佳時，我們可以從以下三個觀點切入思考：能力、意願、外力。

能力和意願，少了哪個

一個團隊裡，成員們的背景、經驗、能力各有不同，對工作任務的勝任程度也一定會有差異，甚至兩個工作經驗差不多的部屬在不同情境下，做出的成果也會不一樣。因此，你需要因材施教。

組織行為學家保羅．赫塞（Paul Hersey）博士和管理學家肯尼斯．布蘭查德（Kenneth Blanchard），在一九六〇年代末提出了「情境領導理論」（Situational Leadership Theory）。該理論認為，只有領導者的行為與部屬的成熟度相適應，才能產生有效的領導效果。

要了解部屬在工作上的成熟度如何，就離不開兩個關鍵元素：能力和意願。「能力」代表是否具備做好這項工作的知識、經驗、技能；「意願」則代表個人是否有足夠的動力，即是否能積極應對這項工作。兩者缺一不可，相輔相成。

能力和意願在程度不同的情況下，組成了部屬四種不同階段的成熟度。

階段一：能力低、意願低或不安。這個階段通常會出現在新人身上，比如應屆畢業生，或者剛剛調任至新職位的部屬。工作對他們而言充滿新鮮感，但他們的能力還沒有達到這個新職位或任務的要求，所以沒什麼自信。

你需要使用「告知式領導風格」與其對話，即「你說他做」的溝通模式。

在發派工作任務時，將任務的提交時限、執行方式、成果要求等一一和部屬說明，並且主動確認其理解程度，鼓勵他對不理解的地方提問。

提交成果時，切忌說：「好，你回去吧，我幫你修改。」這不但會讓部屬本身能力的提升打折扣，也把本該他們承擔的責任攬在自己身上。

正確的做法是手把手帶著他修改，指導過後要求他完成最終修改，並再次提交給你。如果仍有不足，應如此反覆幾輪。

階段二：有一些能力、有意願或自信。這個階段通常會出現在有一定經驗的部屬身上。他們逐漸能處理一些常規事務，雖然整體能力還有不足，但意願比較強，自信心也提升了。

這個階段需要使用「推銷式領導風格」。向部屬解釋決策原因、任務背景以及目的，並主動給予對方機會提問和澄清理解，讓他從心理上完全接受任務。

這個階段的部屬能力仍有不足，還需要持續的指導，並且要讓他看到自己在這份工作上還有哪些以及多大的提升空間，使其感受到持續投入有價值、有回報。

階段三：有能力、意願低或不安。這個階段的部屬對工作比較遊刃有餘了，不光能獨立處理常規工作，也能進行組織協調等任務。但也許因為對生涯規畫的迷惘或職業倦怠，而缺乏動力，怨言變多，遇到新任務也會開始往外推。

這時需要使用的是「參與式領導風格」。為了激發部屬的動力，**在工作的決策上、解決問題時，不妨多邀請對方參與**。一方面，培養他從「會做事」到「會做決定」的能力；另一方面，邀請也意味著對部屬的認可。

階段四：有能力、有意願且自信。這個階段的部屬被放在一個非常合適的職位上，並且其他的客觀因素能提升他做這份工作的意願。處於該階段的部屬不僅有辦法發揮能力，還能提升自身價值。

他們是後備梯隊上的關鍵人才，建議多使用「授權式領導風格」。工作配合上，不再是明顯的由上而下指導，變成**對複雜問題一同進行腦力激盪、探討工作目標、授權其更重要的任務**。可以與他共同商議任務的方向、目標，而不主動干預其具體執行手段和方式。只要適時跟進進度，給予所需的支持，就能做到風箏線在手，任風箏在空中飛翔。

幫他化解外部阻力

每個月底的最後一天，部屬小李都需要提交一份數據報告。這份報告可以幫助公司管理層即時了解並處理資料異常的情況，以做出更明智的業務決策，其重要性不必多說。

小李是半年前接手這個任務的新員工，做得還不錯。然而最近連續兩個月，他都晚了兩天才提交報告，且裡頭還存在不少錯誤。儘管你連續兩次提醒和輔導他，解釋任務的重要性並強調準時交付的必要性，到了第三個月，他仍然沒即時提交令人滿意的報告。

按照慣性思維，出現這樣的問題，你會很容易將其歸咎於小李能力的不足，或是意願、態度問題。但當你嘗試過提升其能力、糾正他的態度，仍沒有效果時，就需要思考是不是還有什麼額外的影響因素。這個因素，就是「外力」，也就是外部阻力。雖然外力未必每次都是部屬表現不佳的關鍵原因，但如果在該重視時完全忽略它，只從部屬的能力和意願上剖析，就容易誤解部屬，也起不到改進作用。

當你帶著「也許還有外力因素」的思考方式再次和小李溝通，你會發現另一個故事。原來小李剛接手那幾個月之所以能完成得比較好，是因為負責提交部門資料的同事都比較配合，能在月底前三天交齊數據。雖然資料量比較大，但小李能充分利用好這三天，並在最後一天完成。但最近兩個月，有部門的窗口換人了，總是拖延，態度也不太好。小李催不動又不敢多催，往往最後一天快下班時才能收齊數據。所以，小李只好加班到深夜，第二天繼續奮戰，才能即時上交。因為時間倉促，他又很著急，所以錯誤變多了。

小李出現的問題不在做這項任務的能力和意願上，而在阻力上。確定了這一點，你就不用再花時間提醒小李要更仔細，或者幫他梳理怎麼做更快，而是將問題定位在如何幫助他學會跟不配合的人溝通，以及自己作為主管可以提供什麼資源來共同解決這個問題。

原因背後有原因

想精準的改進，還需要了解原因背後的原因。以下清單包含了能力、意願、外力三方面背後可能存在的更深層次的原因，可以幫助你根據部屬的實際情況，定位到更聚焦的輔導點上。

能力問題：

・缺乏專業知識和技能。
・缺乏相關經驗。
・缺乏良好的學習方法。
・對工作的要求不清楚。
・對新環境適應力不足。

意願問題：

・對工作內容本身不夠有興趣。
・缺乏自律和自我激勵。
・對工作目標和價值無法理解或認同。
・缺乏團隊合作精神。
・對公司文化、價值觀的認同，和適應不良。
・工作疲勞或厭倦。

外部阻力問題：

・職業生涯發展受限。
・工作壓力過大。
・主管的領導風格對雙方信任感存在負面影響。

・家庭和個人問題干擾工作表現。
・公司資源配置不足。
・工作時間和地點不合理。
・合作夥伴或客戶關係存在問題。
・技術落後影響工作效果。

03 回饋要即時，少用形容詞

現在你已能識別部屬表現不佳的原因，是能力、意願或外力出現問題，這為後續的重頭戲——輔導，奠定了基礎。然而，輔導作為管理工作重要的一部分，卻沒有那麼容易掌握，常常是你用心良苦換來部屬的不買帳、不高興、學不會。

因此，雖然輔導看上去就是簡單的教員工做事，但想要做到既讓對方欣然接受又能切實改進，需要做到九個字：善回饋、會指導、勤復盤。

回饋要即時、具體、聚焦

你是否熟悉以下場景？

部屬A工作表現普通，但你平時工作繁忙，從沒明確指出過他的問題。一晃眼一年過去了，年底績效考核時，你給他打了「及格」。本以為他應該對自己的表現心中有數，沒想到他壓根不覺得自己表現不好，還生氣的要求你給他一個合理的理由。你一時記不起所有的問題，舉了最近一次他沒有做好的例子，但他並不服氣。

部屬C的情況有所不同。雖然他同樣工作表現一般，但你給過他多次回饋。你給的回饋包括「C，你下次還需要再盡力一些」、「你做的跟我的期待還是有差距」、「你需要為自己設定更高一點的標準」等，可是一年下來，你並沒有看到C有什麼進步。

部屬F是令你最盡心盡力，卻又最失望的。你幾乎抓住了一切時機給他回饋。包括：不夠仔細、沒有耐心、溝通不夠有效率、PPT做得不夠簡潔大方、想法太片面、跟同事相處時不夠有親和力等。你給了這麼多回饋，F不但沒積極改正，反而變得萎靡不振了。

以上三個場景，分別對應了在**給部屬工作回饋時的三個誤區：不夠即時、不夠具體、不夠聚焦**。下面我們來依次說明。

首先，是「即時性」。作為主管，你並不希望部屬的問題像滾雪球一樣越滾越大，到最後難以收拾；作為部屬，他也不希望完成任務的過程看似風平浪靜，之後突然得到表現不佳的判定。

所以，當發現部屬的表現有改進空間時，最好的方法是趁事件還在進行中，彼此記憶還清晰，你的判斷沒有因時間長而失真時，盡快找機會給對方回饋。

大多數部屬對自己的表現狀況是有盲區的，尤其是在值得改進的行為上，這受到自我認知和觀察的侷限。希望部屬能客觀且準確的自我評估，這其實代表著你對他有很高的期待。你可能有過這樣的經歷：表揚部屬時，他很驚喜，因為他沒想到這個行為值得稱讚；當你指出問題時，對方也沒想到這個行為所造成的影響。即時回饋，既能立刻止損，又能給部屬改進的機會。

接著，是「具體性」。如果你給部屬的回饋是一系列形容詞，那就需要小心了。諸如「態度要更積極」、「不夠有耐心」、「要更有效率」這些常見回饋用語，雖然挑不出錯來也通俗易懂，但往往是你覺得你說明白了，部屬也覺得他聽明白了，但回頭他還是不知道該怎麼改。

給部屬回饋，最終目的並不是要他懂某個道理，而是讓真實的改變發生。這就需要**把「更積極」、「不夠有耐心」、「要更有效率」轉換成具體的、能指導員工行為的表述**。

比如，將「小李，你這次的報表有錯，下次要更仔細、更有耐心的檢查」轉換為「小李，你這次的報表中有兩處不該犯的錯誤，上次也出現過。這種錯誤其實完全可以透過比對原始資料檢查出來。下次再做這項工作時，務必比對兩回，沒問題再交。」

最後，是「聚焦性」。有時，你做到了前兩點（即時性和具體性），但又做得過了一些：部屬準備一次演講，你洋洋灑灑給了二十條改進建議；執行完一個專案，你從溝通能力、專案管理、時間管理、壓力管理、影響力各方面都提了意見，希望他全面提升；過去一個季度，你頻繁的提供回饋，且每次都是一個新的方向。

你能給出部屬如此即時和具體的回饋，說明你很認真觀察他的表現，但一股腦的回饋給部屬，他往往不會領情，也不會去改。原因在於，待改進點太多反而失去了重點。部屬既搞不清楚到底要從哪改起，也無法一次改這麼多。

那麼，在一段時間內給出的改進回饋，該如何遵循聚焦性原則？可以依據以下三點評估。

- 與部屬所處職位的關鍵勝任力相關。
- 與部屬為實現當下工作任務的關鍵目標，所需的能力相關。
- 在眾多改進點中先解決最關鍵項。

指導是你說我聽、你做我看

你是否經歷過這種情況：針對一個問題，為部屬講了不下三遍解決方法，部屬說你講得太好了，你也因此很有成就感，但回頭看對方交上來的東西，證明了他還是不會。或為了帶好部屬，你帶著他跑業務、與客戶交談，以為接下來他能「依樣畫葫蘆」，結果還是錯誤百出。

你已經盡力了，但這種我說你聽、我做你看的方式，只適用於學知識、學理論的場合。在工作中，不僅要學會方法，更重要的是能夠實踐。透過以下兩步驟，能讓部屬將知識轉化為經驗。

第一步：從「我說你聽」到「你說我聽」。針對要輔導的話題，先跟部屬講解邏輯、流程、方法，隨後不是讓部屬馬上執行，而是請他回饋自己如何理解流程、方法，以及他打算怎麼做。

例如，你可以說：「小李，針對我說的內容，能告訴我你的理解嗎？你打算怎麼做？」

這樣做，一方面，你能夠驗證部屬是否聽懂你教的內容；另一方面，讓他帶著自己的理解複述，能使他好好思考過一次，這樣你傳授的知識和他之間才能產生連結。

第二步：從「我做你看」到「你做我看」。「我做你看」比「我說你聽」又更往前邁進了一大步。看你做比只聽你說更有畫面感，部屬能觀察到任務的全過程及個中細節。不過，從「做給部屬看」到「部屬能獨立做」之間，還缺了一層——部屬自己試著做來得到主管的即時回饋，從而理解為什麼這樣做，哪些行為做得對、哪些地方需要調整、會遇到何種問題，以及該如何解決。也就是，你先做，為部屬樹立一個可以模仿的榜樣，然後讓部屬做，你在旁觀察。有你在，部屬心中有底，可以勇敢發揮，在試做的過程中獲得經驗和形成反思。

勤復盤，引導他自發改進

經過了「你做我看」的過程後，你又收集到了新的可回饋內容。這時，你可以使用前文講的回饋方法即時指導部屬，或者使用更有效的方式——復盤法，引導部屬自發改進。

「復盤」原是圍棋用語，指對弈者下完一盤棋後，重新在棋盤上把對弈過程擺一遍，看看哪些地方下得好、哪些下得不夠好、哪些地方可以下得更好。

同樣的，應用在輔導中的復盤，就是請部屬將執行任務的過程回顧一遍，看有哪些關鍵動作，每個動作背後和之間是否有需要考慮的地方，什麼動作和思考方式能推進任務，什麼會扯後腿。我們可以透過以下四個步驟，配合相關問題，啟發部屬做好復盤。

第一步：比對目標與結果。

- 「對於這項任務，你一開始為自己設定的目標是什麼？」

- 「跟自己的預期相比，你如何評價任務的結果？」

第二步：敘述過程。

- 「你是如何一步步展開行動、完成任務的？」
- 「你做了哪些關鍵行動？」
- 「之所以這樣做，是因為當時你考量到了什麼要素？」

第三步：識別優勢與機會。

- 「你認為自己做了什麼，對結果起了推進作用？當時這麼做，你是怎麼想的？」
- 「有什麼地方不利於任務的達成？當時你是如何考慮的？為何那樣做？」
- 「如果再來一次，你會保留哪些做法？會對哪些進行調整？如何改變？」

第四步：確認下一步。

- 「你的自我觀察與反思很深入，如果先選一個地方改進，你打算從哪著手？」

雖然你沒有直接給出自己的觀察和回饋意見，但是你透過有效的提問，協助部屬自主的復盤了整個過程，找到做得好的地方和改進之處。這比直接提供建議，更能讓部屬形成自我經驗，並能更積極、主動的投入自我提升中去。

04 部屬能力不足卻想升職

部屬小李在一對一的例會上，向你提出想要升職的想法。他認為自己已經達到晉升標準，詢問你何時能夠給他升職機會。雖然小李平時工作中規中矩，偶爾也有做得不錯的地方，但距離你心目中晉升的標準還有不足。於是你回應他，時候還不到，請他繼續努力。

結果，他聽了很不高興，認為你對他不公平，隔天就提出了離職。這讓你很鬱悶，心想自己平時對他不錯，明明是他能力不足，還把錯怪在你身上，真是有理說不清。

主管和部屬間的周哈里窗

雖然升職的決定權在你，但是我們通常會認為部屬該對自己的能力水平心裡有數，也能看清當前是否有晉升機會，因此知難而退，或默默的繼續努力。

但那些想升職的部屬內心，也有許多不為你知的心聲，讓他們有理由認為自己該晉升了。具體情況如下。

- 年資：「在公司待了這麼久，也該輪到我了。」
- 付出：「我在部門最艱難時陪著挺過來了，沒有功勞也有苦勞。」
- 競爭：「同時進入公司的同事都升職了，我也應該升職。」
- 比較：「我不比這個剛升職的同事差，為什麼給他機會不給我？」
- 績效：「今年我做成了這個大案子，主管應該會用晉升來獎勵我。」
- 經驗：「我在這個職位累積足夠的經驗，沒人比我更熟練，該把我升到下一個級別了。」
- 授權：「主管今年要我幫他做了幾個案子，這一定是在為我晉升鋪路。」
- 人緣：「我在團隊中人緣好，也有威信，這是晉升的必要條件。」
- 背景：「團隊中我的學歷最高，在公司資歷也最老，晉升機會肯定是我的。」
- 直覺：「我覺得我該升職了。」

看了這麼多部屬的心聲，你是不是在心中嚇得倒吸一口氣？原來你和他們對能否晉升這件事的認知，差的不只一點。談到部屬的心態，我們不妨先來了解一個心理學常用的模型——「周哈里窗」（Johari Window）。

周哈里窗也被稱為「自我意識的發現——回饋模型」，一九五五年由喬瑟夫．勒夫（Joseph Luft）和哈里．英格拉姆（Harry Ingham）提出，是探討溝通技巧的理論。根據此理論，人的內心被分為四個區域：公開區、隱藏區、盲目區、未知區（見下頁圖1-1）。

公開區：企業或組織中你知我知的資訊。

隱藏區：我自己知道，但別人不知道的資訊。

盲目區：別人知道但自己不知道的自我資訊。

未知區：雙方都不了解的全新領域，它對其他區域有潛在影響。

真正有效的溝通只能在公開區內進行，因為在此區域內，雙方交流的資訊是可以共用的，溝通的效果也更容易令雙方滿意。但在現實中，很多溝通者對彼此都不夠了解，進入了未知區，因此溝通效果也變得不如預期了。

我們來看看就晉升這件事上，你和部屬的溝通資訊差異，是如何在周哈里窗中體現的。

公開區：部門沒建立清晰的晉升標準、建立了沒公布或公布了沒說清楚。

隱藏區：你知道部屬沒達到晉升要求。

盲目區：你不知道部屬認為自己該升職了。

未知區：你和部屬彼此不了解對方關於晉升的看法。

這些資訊差造成了彼此對晉升這件事認知的落差，待

▼ **圖1-1　周哈里窗模型**

	自己知道	自己不知道
別人知道	公開區	盲目區
別人不知道	隱藏區	未知區

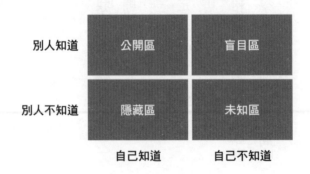

日積月累後，突然當面捅破了這層窗戶紙，就容易不歡而散。

為了預防這種問題出現，我們既要提升晉升標準在部門內部的公開程度，也要將你和部屬之間對晉升的認知共用、澄清，將隱藏區和盲目區轉化為你們之間的公開區，從而在一個區域內互相理解，並協商有效的解決方案。

當部屬表明想升遷

每當遇到部屬向你表達對晉升機會的不滿時，即時針對當下的狀況解決每個問題，這固然是一種辦法，但難免顯得被動、效能低落。只有用長遠的目光看待問題，從建立機制入手，做好預防措施，才能有備無患。

第一步：建立共用標準。如果沒有現成的晉升標準，那麼部門可以在人力資源部的協助下，花一些時間建立部門內各職位的晉升標準，而不是依賴於團隊裡約定俗成的主觀認識，來決定晉升與否。

晉升標準中，除了包含逐級職位的關鍵職責，又要求每個職位對勝任力、經驗、價值觀。尤其是經驗，指的是在向下一級晉升前，需要累積哪些在下一職位關鍵職責中的必要經驗。這樣做為的是讓部屬理解，晉升的前提不光是做好目前職位的職責，還需要開始承擔下一級職位的職責，並在經驗的累積中展現能力和潛力。

建立好標準後，接著向團隊成員解釋標準、澄清疑問，確保大家對標準理解準確。同時，最好也向大家澄清，晉升機會除了取決於員工對下一級職位的準備度，還受時機、機遇的影響，以此來管理每個人的期待。當然，遇到有潛力的部屬，即便能預見一段時間中部門內缺少機會，也可以幫助部屬尋找跨部門機會、關鍵專案、學習機會和輪職機會等。

第二步：評估部屬能力與潛力。有了晉升標準後，你就有了評估其準備程度的量尺。每年進行盤點，評價他的能力與潛力時，能做到心中有數，並且有客觀依據（見圖1-2）。

第三步：了解意願，制定輔導計畫。定期在一對一面談中主動談及發展話題，了解部屬對自己工作現狀的評價，以及對下一步發展的預期和想法。為什麼要定期？因為部屬的

▼ **圖1-2　人才盤點九宮格**

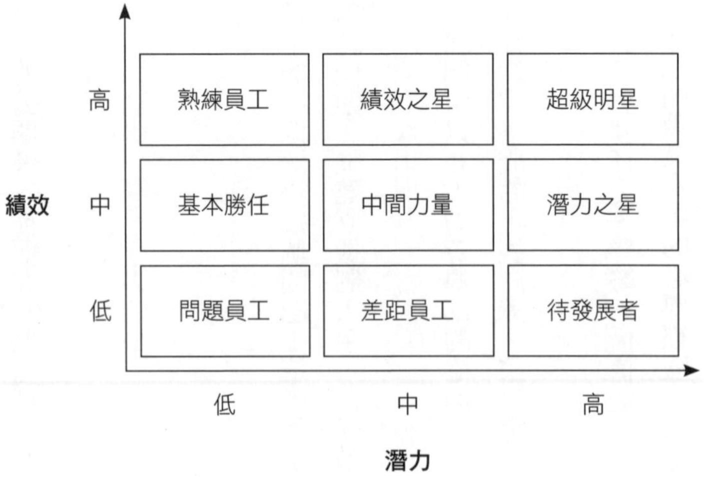

發展期待會隨著他個人狀態和環境影響而發生變化。也許去年他因為不想承擔過多壓力，所以對成為管理者不感興趣，但今年他因為看到和他同期進入公司的同事晉升，轉而認為自己也該努力一次。

當部屬提出對晉升有明確意願時，你可以根據在第二步對他能力、潛力的評估結果，提出發展建議，並傾聽他對於自己能力的評估。在雙方對現狀、發展週期有較一致看法的基礎上，一起商討發展與輔導計畫。

第四步：即時回饋差距。有很多部屬，尤其對晉升可能性自我評估有偏差的部屬，認為沒得到主管的建設性回饋，就代表自己工作表現是令人滿意的。

相較於表達對部屬讚美和鼓勵的積極性回饋，建設性回饋更側重於指出部屬的問題和提供改進方向和建議。因此，由於工作繁忙或是不好意思，你可能在部屬工作出現偏差時，較少甚至沒有提供建設性回饋給部屬。

但這樣的迴避導致的結果就是，部屬並不知道自己無法勝任目前的工作，或與完成下一級工作有差距，以為自己做得不錯，你和部屬因此又進入了周哈里窗的隱藏區和盲目區。

給他一個證明自己的機會

如果前期預防做不到位，出現像小李的情況，具體解決步驟有二：

第一步：表示抱歉和欣賞。對沒有即時了解到部屬對晉升的期待表示抱歉，同時向其表示欣賞其追求發展的願望。你可能會想，他的能力根本不夠，還對自己的能力評估不準確，為什麼要我表達歉意，甚至還要表達欣賞之意？

原因在於，識別部屬的發展可能性、提供發展機會是管理者的責任。就像「師父領進門，修行在個人」說的，領進門的工作仍需要管理者來做。

關於欣賞，無論部屬目前能力水準如何，當你思考他想晉升的背後動機時，總會找出積極的理由。歸根究柢，想要晉升是對自己有期待、有要求的表現。對於這樣的動機，你應該對部屬回以激勵，而不是質疑、排斥。

第二步：創造發展機會。對自己能力評估有偏差的部屬，很難透過你單方面的評價認知到問題。同時，當你給部屬機會時，有一定機率能激發出他未曾展現的潛力。即使部屬目前反映出的能力水準與晉升標準仍有差距，當處於「救火」的狀態下，還是可以為他創造晉升的機會。無論是為了讓他重新審視自身現狀，還是給他一個證明自己的機會。

我曾經有一位部屬，在談話中提出對管理職感興趣。雖然以我日常對他的觀察，判斷他的能力並未達到可以做管理的程度，仍允諾幫他創造機會。之後有位主管因生病而休假幾個月，期間我請他暫代主管，管理這個小組，並提供其領導力方面的輔導。當那位主管回歸時，這位部屬主動找我，說他覺得管理職不適合他，因為不光要做好自己的工作，還要為團隊成員的問題負責，這讓他勞心勞力、過度內耗，所以希望趕緊將管理工作交還給原主管。

透過這樣的方式，一方面，部屬會感謝你重視他的發展意願；另一方面，讓他有機會切身體驗理想中的職位。有了切實可信的自我評估和觀察，再與部屬溝通其發展方向時就容易多了。

05 別讓猴子跳回你背上

作為團隊主管，你曾遇到過以下幾種情況嗎？

- 部屬一遇到問題就向你求救，完全不自行思考。
- 沒有你，部屬就不敢做任何的決定，一定要得到你的確認。
- 你對部屬做了不少培訓，但仍對他們的表現不滿意。感嘆他們的業務能力不如當年的你。
- 你每天都陷入日常工作和解決部屬的問題當中，分身乏術。

若你中了以上其中一條甚至更多，那麼很有可能，你背太多「猴子」在身上了。

「猴子理論」是由著名的企業管理專家威廉・安肯三世（William Oncken III）在暢銷書《別讓猴子跳回你背上》（*Monkey Business*）裡提出的。它主要指工作中出現的問題或者任務就像一隻猴子，當管理者不斷從部屬那裡接管問題或任務時，這隻猴子就會跳到管理者的背上，讓他們產生負擔，而部屬則不用承擔自己本該承擔的責任。如果不改變這種狀態，那主管將承擔越來越多的壓力和工作量。

猴子在誰身上

部屬的猴子往你身上跳，一定有來自他們的問題。可能因為能力或經驗的不足，碰到了新問題拿不定該如何解決；也可能因為其個人意願，接手的任務或者遇到的問題不在其舒適區，很想把這隻猴子扔出去。

事實上，部屬的猴子之所以總是跳到你身上，有部分原因也來自你。看到這，也許你會連連否認，認為自己已經夠忙了，當然希望部屬能把他們的猴子背好，你好騰出精力來管理好自己身上的猴子。你早就因為整天為部屬救火而頭痛不已了，怎麼會主動造成這種局面？我們不妨看看，下面提及的因素是否讓你看見自己的影子。

對錯誤的容許度低：如果你要求特別高，眼睛裡揉不得沙子，就會不由自主的特別關注細節和工作任務完成的準確度。那麼無論部屬能力如何，你總會放心不下，總想著跟進部屬工作的全過程，時時為其把關，處處給他指點。

對部屬的信任度低：談到這，也許你會立刻反駁，自己很信任部屬，和對方的日常相處也很融洽。這裡談到的信任其實包含兩個層面，一是你是否信任部屬這個人，二是你是否信任他的能力。當你覺得你才是那個對工作最上心、最有責任感的人，同時也是最具備能力去把這件事情做好的人時，那麼相應的，你對部屬的信任就降低了。這時，就會出現員工做著做著，你就直接拿過來自己做的情況，因為只有自己做才最令人放心。

舒適區的吸引力大：舉個例子，小李在還是普通員工時就是處理客戶投訴的高手，後來當他晉升主管時，還是把大量的精力和時間放在處理客戶投訴上。

看上去，他是在幫助部屬解決問題，但實際上，這裡面很可能隱藏著小李主動優先處理那些他比較擅長的領域，而迴避了作為管理者，本應投入更多精力和時間在對他來說更具備挑戰性的工作內容。

助人的成就感大：你特別受不了部屬遇到困難時手足無措或情緒低落的狀態，當對方向你投來求助的眼神時，你的助人心立刻跳出來，忍不住告訴對方：「放心吧，我來！」沉浸在他讚許的眼光中，你成就感爆棚。

無論是部屬還是你的因素，對方的猴子跳到你背上，對雙方都是弊大於利的。對你來說，增加了本不該有的職責而變得更加忙碌，占用了你做好分內職責的精力，既耽誤了工作，又對你的提升與發展造成阻礙。

對部屬來說，他沒有機會獨當一面處理問題，這會一直成為他職責的缺口、能力的缺陷。而你的能力將成為團隊的天花板，團隊的能力會停滯不前。

那麼，如何將職責歸位，讓部屬不光能背著他的猴子，還能背得穩當？

合理規畫你的管理時間：你每天花大量時間跟你的部屬一起工作，沉浸在幫助他們解決棘手問題的過程中，雖然很累，但也欣慰於自己盡了當領導的責任。可意外的是，你的主管卻對你不滿，嫌你的精力沒有用對地方，該產出的地方沒產出。你在這個職位上也好幾年了，當主動跟主管談及你的發展機會時，他卻流露出你晉升還為時尚早的意思。你委屈又鬱悶，不知道還要怎麼做才能讓他滿意。

其實，問題就出在，你分配時間的方法錯了。支持部屬誠然重要，但它只能占用你一部分的時間。合理的時間管理，需要同時兼顧六個面向：

- 針對團隊目標的設置與達成，進行計畫與組織。
- 承接主管隨時交代給你職責範圍內的任務。
- 自我發展，以及承接主管為了讓你進步交給你的任務。
- 支持部屬的任務開展與能力發展。
- 職責範圍內要完成的各項任務。
- 與內部各平行部門及客戶、供應商等建立良好關係的工作。

雖然你現在支持部屬已經非常忙碌，但當了解以上六項都需要你分出時間去關注時，你是否感受到自己的時間更加寶貴了呢？因此，下一次，作為一名銷售團隊主管時，如果獲得一份潛在客戶的聯繫方式名單，你會逐一打電話給這些客戶，還是交給部屬做？相信你能做出正確的選擇，因為還有好多隻唯有你能背的猴子在等著你。

提升部屬的自由程度：自由層級指的是，部屬在遇到問題時可採取行動的自由程度。它分為五個層級：

- 需等待主管的指示。

- 需向主管請示要做什麼。
- 可以向主管提出建議，然後按照主管的決定行動。
- 可以先行動，但要盡快請示主管意見。
- 可以獨立行動，向主管例行彙報即可。

部屬所處的自由層級越低，在解決工作問題時其所處的角色越邊緣化，行動越被動，對你的依賴就越強，占用你的時間也越多。

想辦法讓部屬擁有更多自由空間，這將釋放他的潛能，讓其承擔重要責任，從而大大釋放你可運用的時間。而自由層級的升級離不開兩點，一是透過你的輔導不斷提升部屬的能力，讓其具備升級的基礎條件；二是透過你創造更為開放、容錯的環境，來為部屬提供升級的土壤。

讓部屬背好自己的猴子

一天下午，部屬小李找你抱怨。

「主管，這個月的報表又差王經理團隊的資料。他們總是晚交，明天就得提交給總部了！」

「是嗎？別急，等下我打電話催一下王經理。」

「好的，謝謝，您出馬肯定馬上搞定，那我就等您的消息了！」

到了下班時間，小李對還在埋頭苦幹的你說：「主管，別忘了跟王經理要資料，不然明天我們就交不出報表了！」

說完他就拎著包走了，留下背了一身猴子的你。

這是一個典型的逆向管理案例。做報表、收齊資料本來應該是小李的事，有團隊沒交資料，應該想辦法的人也是他。但只是幾句話，這任務就由小李派給了你，還對你這個主管行使監督權。可以想像，要是你一忙忘了跟王經理要資料，耽誤了第二天的報表上交，這錯自然歸到你頭上，因為是你主動把責任攬到自己身上。部屬變成了你的主管，而你變成了執行任務的部屬。

要避免這種情況，就需要做到逆向管理：

步驟一：覺察自己的慣性反應。在改變之前，先建立意識。自我觀察一下，每當部屬向你求助，你的下意識反應是什麼？你可能馬上產生了「我要保護你」的念頭，或者脫口而出：「放心吧，我來！」

那麼，下次遇到這種情況，先控制住自己脫口而出的回應。

步驟二：將問題反問回去。當部屬問：「主管，王經理他們團隊又沒交資料，真是急死了，怎麼辦？」

你就反問：「你能想到什麼辦法？」

但凡你確信這是部屬該履行的職責，並且他有能力解決這個問題，就可以用「你覺得呢」、「你怎麼想」、「你有什麼打算」之類的話術，將思考的責任轉回到部屬身上。

步驟三：提出明確的期待。當部屬問：「主管，可以麻煩您去催一下王經理嗎？」

你可以回答：「小李，我可以去找王經理，不過我期待你能自己解決問題，我也相信你有這個能力。你可以先去了解清楚，這兩個月他們沒有按時提交資料的原因是什麼，然後再思考解決的方法。今天下班之前，我期待你的回饋。」

有時候，部屬不是不能做，而是他不知道他可以靠自己完成。提出你的期待，適當給一些指導，讓他嘗試，並提醒他有進展要跟你彙報。讓他背好自己的猴子的同時，你也背好了輔導他的猴子。

06 自尊心強的人怎麼教

與工作表現不佳的部屬談話固然不簡單，不過因為問題明確，相對來說還是比較容易切入主題，能讓對方快速的意識到問題。而有一種部屬會讓你左右為難，想談又不好意思點破，點破又不容易被對方接受，他們就是工作能力好且自尊心強的員工。

他們大部分時候都表現優秀、積極主動、不怕苦不怕累，是團隊中的中堅力量，但人無完人，他們也有做得不夠好的地方。然而，你發現**他們又很愛面子，每次你一給意見，他們就豎起倒刺，不是強調客觀理由，就是不願接你的話**。

面對這種情況，你可能會有兩種截然不同的應對方式，要不就是繼續指正到底，一有問題就指出來，透過多次指正讓他們認知到自己的問題；要不就是迴避輔導，心想他們已經不錯了，與其讓雙方都不開心，不如就睜一隻眼閉一隻眼。

但無論是追擊還是迴避，你會發現問題始終在那，這像一個不能輕易碰觸的雷區，如鯁在喉。你心裡明白，這種得力部屬作為團隊中的關鍵人才，你應該要幫助他們成長。那麼，究竟該如何做，才能使他們欣然接受你的指導，從而獲得提升呢？

在討論怎麼做之前，我們需要先弄清楚這類部屬為何抗拒你的指導建議。普遍來說，你評價一位部屬自尊心太強，是因為他在面對批評或指正時的反應：

- 抗拒和反感。
- 氣餒和沮喪。
- 無視和迴避。

他們沒有用積極、正面的情緒和行動來回應你的指導，是自尊心強的展現。

自尊心強弱，指的是你如何看待自己，是否喜歡眼中的自己。你對自己越有信心，對自己在優缺點上的評價越客觀、穩定，面對外界評判，就越能以積極客觀的態度去應對。

所以，**表現出過強自尊心、過於保護自己的部屬，不是因為太有自信，而是因為缺乏自信**。你對他的批評和指正，會被他轉化為一種對他個人價值和能力的否定，而不是被看作對其有用的資訊。

他會把這種指正視為失敗，不想承認這種失敗而抗拒、迴避，或因承認了這種失敗而沮喪、失落，無論是兩者中的哪一種，都不利於建立信心，從而投入新的行動。

再加上，過去透過他的努力和付出，他確實做出一定成績，成了你的得力部屬。你是能夠評價他的人中的權威人物，對他的直接反饋，會觸發他的自信水準的波動。換言之，他尤其擔心他在你心目中，是否一直是那個優秀的部屬。

談到這裡，你是否更加理解那個抗拒你的得力部屬了？他抗拒的不是你，而是經由你的評價、指正，所產生的一系列負面心理活動。

站在部屬的角度思考

想要輔導好這類部屬，需要站在他們的角度設計一些量身訂製的做法。

維護他的自尊：這類工作表現優秀的部屬其實是很敏感的，他們對自己犯錯的敏感程度，要遠高於對自己做得好的地方的關注。

一場演講下來，卡住忘詞，或者有個別的錯誤，對這個錯誤記得最清楚的人，不是旁觀的你，而是他自己。

當他下臺時，你無須當面指出來。因為他已經懊悔至極，想找個地縫鑽進去。他會不斷的回顧過程，想像著如果當時能改變做法，讓錯誤避免發生就好了。

這時，他最怕你當面揭開這個問題，如果你能理解他心裡的想法，最好的做法是視而不見。回應他一個微笑，或者給他一句鼓勵，告訴他你覺得他哪裡表現得好。

「講得不錯，對客戶這麼刁鑽的問題，你反應得很快嘛！」

他也許什麼也不會說，也許會不好意思的主動承認自己表現不好，你只要回饋以安慰就好了。**一個對自己要求高的優秀部屬**，不會在你的善意下無動於衷的，他只會在心裡感激你，並默默要求自己下次做得更好。**維護他的自尊心，是讓他積極改進最佳良藥。**

抓大放小：沒有人是毫無缺點的，再得力的部屬在工作中也難免有些小失誤。如果對於他的任何問題，你都想指出來幫助他提升，雖然出發點是好的，但可能會讓部屬認為你只關注不重要的細節，忽略了他做的更有價值的行動和結果。

你的部屬剛完成了一個大案子，從立案、計畫、組織、協調到落實都親力親為，完成得可圈可點，最後也達成了專案目標。經由你的觀察，他還有兩個地方可以做得更好，一個是跟高階主管彙報專案進展時，思路和表達需要更清晰、更有邏輯；一個是專案計畫表在視覺化方面可以做得更好些。從對一個優秀的專案經理的期待上，顯然是前者對這個部屬更有意義，哪怕確實有改進空間，也沒有必要給建議。

對部屬發展起關鍵作用的機會點，才是真正需要給予指明和輔導的地方。

談期待：有時，部屬已經表現不錯了，在指出他的問題時，如果能以當下的問題為契機，著眼對他未來的期待，效果會更好。這樣，部屬能夠意識到現在的改變，是實現未來期待的必經之路，也能夠了解到你對他有更長遠的期待，而感到被重視、有價值。

例如，你的部屬不願意跟另一個部門的某個同事打交道，因為他不喜歡對方的溝通方式。每次跟對方對接工作時，部屬都想要你陪同。

你也知道那個同事確實說話比較衝，但工作能力不錯，部屬的工作也需要這個同事的支援。這時，雖然當下要解決的問題是讓部屬得到這個同事的支持，以利工作，但只談眼前這個問題，是不足以打動部屬做出改變的。從長遠來說，他需要學會的是，如何跟與自己不一樣，甚至不同頻率的人打交道，從而獲得他人的信任和支持，這樣才能提升他的人際影響力，並為未來帶領更多元化的專案團隊做好準備。這個長遠的期待，能讓部屬跳出對這個不配合同事的不滿，專注於實現自我提升的練習機會。**期待是信任與希望，它能為人做出改變的動力。**

共同討論工作方案：既然是得力部屬，你交代給他的任務通常不會太簡單。當部屬費了九牛二虎之力做出成品時，他就會將成品視為自己的心血。當他呈交給你時，內心是期待你表揚的，但往往這種複雜的任務不會一次通過，你不免要給出改進建議，甚至要求大幅度的變動。這時，對於自尊心強的部屬來說，很容易產生抗拒心理。

所以，對於比較複雜的任務，最好能和部屬一起討論方案。在討論的過程中，你們是共創、互相啟發的關係，一同腦力激盪、交換各自的觀點，點評優點和缺點，共同形成對方案的一致性意見。在這個過程中，讓部屬降低對評判的敏感度，透過智慧的碰撞發現你的好觀點、好意見，從而自然而然的接納它們。**這不是我給你意見，而是「我們」共同產生的想法。**

07 別用「為什麼」當話頭

你的部屬最近在同時推進手頭上的幾個專案，因為要兼顧的任務繁多，有些手忙腳亂。他找你尋求建議。

「主管，我現在手上有三個專案，交付期都在三個月內。感覺要規畫和執行的事情好多，摸不著頭緒，又擔心耽誤了交期，壓力好大。請給我點建議吧。」

聽到對方這麼說，你會如何回應？部屬都請你建議了，看上去直接提供解決方法是最快也最符合他期待的回覆。於是，你這樣做了：

「小李，我建議你先把專案甘特圖做出來，這樣就知道有哪些事要做，且分別要在什麼時候完成。」

部屬小李覺得你說得很有道理，打算回去馬上進行。過了幾天，你發現他依然一副焦頭爛額的煩惱模樣，一問才知道他並沒有按你說的去做甘特圖，仍是想到該幹什麼就一頭栽進去，應接不暇的推進各種事項。

你不理解，為什麼給了建議他又不去用呢？

領導者當然需要給部屬建議，但想讓建議奏效，需要符合三項前提：

- 問題的複雜度不高。這時提供建議比較容易，也比較容易執行和見效。
- 你很了解部屬面臨的問題的背景、原因，及他採取過的對策、狀態和需求，可以一針見血的給出能解決問題的關鍵意見。
- 對問題解決的時效性要求高，需要即時給出建議，快速行動。

回到小李的場景，以上三項前提都不符合。所以單純採取給建議的方式，很可能會換來以下結果：

- 部屬不認為你的建議能解決他的問題，否定你或者不去做。
- 部屬認為你不了解他的狀況。
- 部屬執行你的建議後發現沒什麼效果，對該建議產生懷疑。
- 部屬覺得自己無能，只能按照你說的去做。
- 部屬覺得羞愧，耽誤了你的時間。

為了避免以上負面的結果，讓部屬在面對問題時既能靠自己解決，又能獲得成就感，在問題比較複雜、時間沒有那麼緊迫的情況下，以提問的方式會比直接給建議更加有效。因為，有力的提問會帶來一系列好處：

- 部屬感到被尊重。

- 激發部屬的潛能，由他自己想出解決辦法。
- 部屬更有動力去執行自己想出來的辦法。
- 部屬在思考、行動的過程中檢驗有效性，累積經驗，進而提升能力。
- 部屬對你的信任感增強。
- 你的領導力得到提升。

提問的目的是啟發部屬主動找到解決問題的方法，所以提問的前提是先界定為了什麼而提問，也就是釐清要解決的問題是什麼。部屬通常直接拋過來一個個問題，但通常這些問題不是真正的問題，它們只是表象。

比如，部屬跟你說他最近壓力很大，這只是問題的表象，造成壓力大背後的根本原因，才是那個真正要解決的問題，也許是工作量問題，也許是和同事起了衝突。**找到根本原因，也就是根本問題，才能針對問題討論解決方案**。

想要透過現象識別根本問題，可以使用「是什麼」追問法，範例如下。

小李：「經理，我最近的壓力好大。」

你：「是什麼為你帶來了壓力呢？」

小李：「最近三個專案都啟動了，好多事要同時做，我擔心做得不夠好。」

你：「是什麼讓你有了這樣的擔心呢？」

小李：「其他兩個專案還好，處理專案A時，需要專業背景，我不是本科系出身，常被客戶問一些專業性高的問題，擔心答不對會影響客戶的滿意度。」

實際上，這種提問確實是在深挖「為什麼」背後的為什麼，但是，當你問對方「為什麼」的時候，容易讓人產生抗拒的情緒，因為這會讓對方覺得你是在質疑他。所以，當你總是在問「為什麼」時，對方很自然的就會開始自我辯護，或者不願談下去。而把「為什麼」替換成「是什麼」，就平和、客觀了很多，能夠讓對方順著你的追問，不被情緒干擾的深入思考。

有力的提問不在於數量，而在於品質。好的提問，具備開放和正向這兩個最關鍵的特點。

善用開放式而非封閉式問題

封閉式問題只能得到「是」或「否」的回答，它的答案非黑即白，欠缺創造性和發散性。而開放式的回答內容不盡相同，部屬可以有更多思考、發揮的空間，思考過程不僅有利於想法和思路的形成，還因為部屬講自己的想法，讓其在談話中更有主人翁的感受（見下頁表1-1）。

以「5W2H」作為提問的開頭，是開放式提問的典型技巧。

- What（什麼）：問題的本質和內容是什麼，需要解決什麼問題。
- Why（為什麼）：為什麼必須解決問題，其背景和原因是什麼。
- Where（在哪裡）：問題發生的地點或位置在哪，或者因問題產生的影響在哪最為顯著。
- When（何時）：問題何時開始，何時結束，或者問題對組織和人的影響何時最為嚴重。

- Who（誰）：與該問題相關的人員和組織，以及哪些人需要參與解決該問題。
- How（如何）：如何解決這個問題，需要採取什麼行動和措施。
- How much（多少）：需要付出多大的代價，實施措施需要花費多少資金和時間等。

問錯問題，會讓人感到被質疑

能讓部屬感受到被質疑的提問，通常屬於兩個類型，反問型和誘導型。

反問型：雖然是以問題的形式出現，但實際上它包含了個人感情色彩和評價的態度。

- 「難道你不是在避重就輕嗎？」
- 「難道你真的想一直這樣下去嗎？」
- 「你不是真的這樣想吧？」

當問出這種問題時，你心裡其實已經有了評判，而部屬

▼ 表1-1　開放式與封閉式提問的對比

開放式提問	封閉式提問
你還能想到哪些問題？	你還有問題嗎？
如果再給你一些時間，你還能想出一到兩個什麼樣的辦法呢？	你還有什麼其他辦法嗎？
如果接下來這樣做，你會有什麼想法呢？	接下來就這樣做吧，沒問題吧？

也會很快意識到你內心的想法和對他的看法，於是換來他的抗拒和沉默以對。

誘導型：將部屬引入你所期望的回答中，它不像反問型帶有情緒上的刺激，但因為它不易察覺，悄無聲息的把你的評判帶入到提問中，同樣會影響提問的效果且不自知。

- 「如果我是你，我會很生氣，我想你也是這樣吧？」
- 「這兩種方案看起來後者更直接有效一些，你覺得呢？」

相對應的，正向的提問能使部屬獲得希望和動力，並提出自發的、聚焦未來的想法。

- 「雖然困難重重，但過去你確實撐過去了，是什麼讓你堅持到現在？」
- 「假如你解決了這個問題，對你來說意味著什麼？」
- 「你提的兩種方案聽起來都不錯，相較來說，你更喜歡哪一種，為什麼？」

GROW模型——四個經典提問

提問是一門可以持續精進的能力。有沒有什麼比較簡單、快速的提問方式，能應對大多數激發部屬潛能的談話呢？答案是有的，你可以參考接著要介紹的「GROW模型」。它把解決問題的談話分成了四個關鍵步驟，每個關鍵步驟由一個關鍵提問構成。按照GROW的先後順序向部屬提問，能保證這場談話從框架上和方向上，都對部屬有較好的指導意義（見下頁表1-2）。

- G（Goal）：釐清目標——你想達到什麼目標？

・R（Reality）：澄清現狀——目前情況如何？

・O（Option）：探索方案——你有哪些選擇和方案可用來實現目標？

・W（Will）：強化意願——下一步你想從哪裡開始？

讓我們結合本節介紹的好的提問特點及GROW模型，把前文透過「是什麼追問法」定位清楚的案例表述完整。

你：「我了解了，你的問題在於，認為自己缺乏專業背景，所以對達成客戶的滿意度信心不足。那麼，你達到什麼樣的目標會感到滿意呢？」

小李：「在技術上我希望能回答客戶八〇%的問題。」

你：「能看出你很想做好這件事，而且對自己有比較高的期待。目前情況怎樣？你能回答出多少問題？」

小李：「一半左右。我能回答一些基本問題，但若客戶一追問，我就不太確定該怎麼答了。」

你：「針對追問這部分，與你的期待差距三〇%，你有哪些選擇和方案能實現你的目標？」

小李：「我覺得我可以整理一份客戶比較關注的問題清

▼ 表1-2　GROW提問模型

模型	問題
Goal	你想達到什麼樣的目標？
Reality	目前的情況是怎樣？
Option	你有哪些選擇和方案可用來實現目標？
Will	下一步你想從哪裡開始？

單，然後提前做準備，也可以請教本科系出身的同事，請他們提供意見，再或者，也可以請有經驗的同事和我一起參加跟客戶的溝通，幫我補充回答，我能借此機會學習。」

你：「你一下子想出了三種方法，聽上去都很不錯。下一步你想從哪裡開始？」

小李：「先整理問題清單比較有效，整理完後，我就可以請教同事幫忙補充答案了。」

你：「我支持你的想法，期待下週的會議上聽到你的進展。」

小李：「好的，沒問題。」

08 逼對方講重點

最近，小李工作表現不錯，他在負責一項專案，為了激勵他，你帶著他參加公司的高層會議。他需要用十五分鐘，提綱挈領的向高階主管彙報專案進展、遇到的挑戰和下一步計畫，以引起對方的關注和認可。

但是，他一開口你就後悔了。你幫他劃的重點，他都拋在了腦後，沉迷於瑣碎的細節中，思路發散、欠缺邏輯，也不和在座的主管互動，自顧自的沉浸在演講中。眼看十分鐘過去了，專案進展還沒講完。高階主管們看向你，你不免尷尬，有苦說不出。

其實這不是偶然，你回想起平常和小李溝通的情況，說任何事他都不太可能在五分鐘內解決。他總是東拉西扯，跟你說大量的細節，讓你無從理解他要表達的重點和關鍵資訊，得仔細聽上一陣、問好幾個問題才能明白。

由於過去你比較了解他的工作，且因為他的表現還不錯，所以雖然溝通上有些費勁，但你不太在意這個問題。經此一事，你意識到，這樣的狀態長此以往會引發如下問題：

- 對部屬來說，他的工作表現會因欠缺表達能力而大打折扣，不利於其職業發展。
- 對你來說，這樣的溝通其實占用你大量管理時間。
- 對和他配合的內外部合作夥伴來說，消耗過多溝通時間會影響大家的工作積極性。
- 可能會讓和他配合的人產生工作內容上的誤解，多少會影響工作結果。

所以，幫助部屬有效率、明確和有焦點的彙報工作、闡述問題和觀點，就顯得格外重要了。

我們先來分析部屬為何無法精簡陳述：

- 不清楚溝通的目的。無論什麼資訊都一股腦的說出，或抓著一個細節喋喋不休，抑或是在各種話題上來回橫跳，這都不是因為事情太複雜、想說的太多，而是他不知道自己想說什麼、為什麼說、說完了想要達到什麼目的。
- 缺乏邏輯表達的意識和技巧。因為沒得到過來自主管或他人的意見回饋，所以對自身表達問題沒有自覺。或雖然知道有問題，但沒有經過邏輯梳理、高效表達的刻意練習和準備。
- 人際敏感度不足，無法對他人的感受和情緒，做出反應和處理。**一個人的人際敏感度越高，將越能識別和理解別人的情感和需要，並做出相應的行為和反應，改善與他們的關係。**在和人互動的過程中自顧自的說，不關注對方的反應，或發現了也沒有意識到這意味著「到這就好」、「對方不感興趣」、「對方聽不懂」，難以快速的調整自己的行為。

結合這些溝通行為背後的原因，可以使用做約定、善提問、供練習這三個方法，幫助部屬提升彙報與溝通的能力。

約定時間

部屬人際敏感度不足，就很難做到換位思考。因此，很多時候他並不是故意占用你很多時間，滔滔不絕的說個不停，而是根本沒有意識到這是個問題。加上你不好意思打斷他，或直接指出問題，他就更不知道自己需要做出改變。

當部屬臨時來找你說，「主管，我想彙報專案週期的事，並請示您的意見」時，你的回答決定了時間的掌控權能否回到你手上。

先不直接回答「好，你說吧」，而是回問：「你需要多長時間？」話匣子一打開就收不了的部屬通常會說「一、兩分鐘就行」，但你根據經驗也知道，沒有十分鐘他不會放你走。結合部屬的回應，預判一下可能需要的時間，根據你此時的忙碌程度，用三種不同的「做約定」的方式讓部屬意識到，溝通是一件需要雙方共用時間的事情，他不能隨時占用他人的時間。

限制時間：如果預估你們的談話要花十分鐘，而你在十五分鐘後要參加一個會議。你認為可以現在談，但在開始談事之前，先告訴他你們可以交談的時間有多長。例如：「我十五分鐘後有會議要參加，需要提前五分鐘過去。因此我現在有十分鐘，你想趁現在報告這件事嗎？」

改約其他時間：如果你現在很忙，哪怕你預估只需要十分鐘的談話，也建議你不要勉強答應下來，不然你可能做不到專注的聽他講話，再加上他還有可能超時，你會更加著急。不如跟他約定一個最近有空的時間。比如：「不好意思，我現在有點忙。你這個事緊急嗎？如果不急的話，今天下午四點以後我有空，那個時間我們再談可以嗎？」

安排時間：如果這個部屬經常需要和你請示、彙報工作，為了避免總是臨時溝通，最好能有固定的一對一談話時間。這樣，只要話題不緊急，部屬會自然的將彙報工作安排在週期性會議中。例如：「如果不緊急的話，我們明天就有一對一會議。可以在那個時候具體談談。」

高效溝通只需九個字

很多時候，管理者對部屬的輔導是潤物細無聲的，而提問則是一種無聲勝有聲的好工具。

當部屬和你彙報工作或者請示問題時，從你的角度出發，最關心的無非三件事：問題是什麼、目的是什麼、有什麼依據來輔助你做判斷。

當部屬做不到高效表述這三件事時，就需要你來輔導他說清楚這三點。好消息是，**你仍然只需要九個字，就可以得到這些資訊**，達到讓部屬更高效溝通的目的。

為什麼：聽部屬講問題，如果明顯不是根本性問題，使用「為什麼」來確認。同時「為什麼」三個字是打斷話匣子的法寶，當部屬開始滔滔不絕的講細節時，用「為什麼」把他拉回到問題上，驅使他停下來思考清楚再表達。

小李：「生產經理說這週不能按時交付樣品，你說怎麼辦？這個客戶同時也在評估別家供應商，我們要是延遲，可能就錯過這個機會了。」

你：「樣品有什麼問題，為什麼不能按時交付？」

小李：「生產線上有臺機器故障，得兩天後才能修好。」

你：「之前也發生故障過，當天就能修好，為什麼這回需要兩天？」

小李：「之前是王總特別批准的緊急維修，這回應該是沒呈報給王總。」

原來，問題既不是怎麼跟客戶交代，也不是怎麼催生產交付，而是怎麼加緊維修故障機器。

所以呢：當問題確認了，部屬又陷入細節當中。你聽了半天，也不知道他想要你幫什麼。這時，就要拿出第二件法寶——「所以呢」。這三個字的言下之意就是，你跟我說了這麼多，你的結論是什麼？你想要尋求什麼幫助？你打算怎麼做？

小李：「客戶昨天晚上到今天不停的問我樣品怎麼樣了，能不能按時交。我跟客戶說機器出了點小問題，但不敢跟客戶說交不了。」

你：「所以呢？你怎麼想？」

小李：「我覺得這單必須拿下，所以打算跟生產經理溝通，是否可以呈報王總，加快維修機器的速度。」

還有嗎：當部屬明確了目的，也有了行動方向，有時你還需要從部屬那裡獲得更多資訊來支援你做出正確的判斷。「還有嗎」三個字可以幫助你捕捉他遺漏的關鍵訊息：「還有嗎？還有哪些資訊需要告訴我？」

小李：「哦，對了，客戶說他們的李總很關心這件事，可能會找您。」

你：「好，你盡快去跟生產經理溝通走緊急流程，中午十二點前給我一個消息，隨後我會跟李總解釋。」

彙報練習

經過你提問的點撥，部屬可以漸漸理解在彙報時你的關注點是什麼，能順著你的引導提升彙報效率。不過，你肯定希望他能提升能力，而不是每次都依靠你的輔助。況且，部屬的溝通、彙報並不只針對你，他跟合作夥伴、其他部門、其他同事溝通時都需要一定的能力。因此，在「做約定」、「善提問」的同時，還需要給部屬提供刻意練習的機會。

彙報任務重要且不緊急時，是最好的刻意練習時機。比如給高層彙報，怎麼也需要幾天準備時間。

你可以給部屬講解幾種常見的彙報結構，讓他選擇適合的做相關的準備，然後在正式彙報前做演練，這樣能讓他既學會使用科學工具，又能提前得到你的回饋，不光在彙報時發揮更好，也逐漸提升了自己的能力。這裡推薦兩種好用的彙報結構。

What-Why-How 黃金思維圈：

- What（什麼）：面臨的問題或要達成的目標是什麼。
- Why（為什麼）：問題背後的原因或目標背後的背景、動機是什麼。

・How（如何）：解決問題的方案或達成目標的行動計畫是什麼。

SCQA 框架：

・Situation（情境）：問題的背景、情況是什麼樣。

・Complication（複雜性）：問題的複雜性是怎樣的，產生了何種挑戰、衝突。

・Question（問題）：基於前面的情境和複雜性，引出要解決的特定問題，並定義該問題。

・Answer（回答）：圍繞問題提出可行的解決辦法。

09 你選誰當接班人

作為管理者不僅要關注自己的成功，也要著眼於如何把自身的領導經驗和技能分享給他人，透過激勵與培養夥伴的領導力，取得更長遠的勝利。

在實際的領導工作中，因為團隊規模和結構的不同，有時你領導的並非全都是基層職員，可能還會有幾位基層主管或經理，那麼提升他們的領導力，將是你實現團隊效率且健康營運的關鍵職責。

同時，你的主管也會期待你培養好自己的接班人，這樣不僅有利於團隊的經營，也是為了你下一步晉升所要做的必要準備。

《論語．子張》中提到：「學而優則仕」，意思是進修學業有餘力，就去做官。在演藝圈也流行著「演而優則導」的說法，表示一個演員在演戲這方面做得比較出色了，如果對影視有了一定了解，就可以轉型從事導演的工作。

類似的情況也發生在管理中，常常是你發現某個部屬在其職位做得很出色，你就提拔他成為管理者。可是，就像「演而優則導」的演員，轉型成功案例不多一樣，這樣提拔上來的管理者也常常不盡如人意，你可能會發現他們出現以下的表現：

- 依然一頭栽進專業事務裡，對帶領團隊做事既不情願也不擅長。
- 搞不定團隊成員大大小小的人際溝通問題，難以服眾。
- 對要定的方向、要做的決策摸不著頭緒。
- 視各種變革、機遇為挑戰，感到壓力很大。

為了應對這些情況，你深陷於對他們周而復始的輔導和補救過程中，比自己帶團隊還累。究其原因，是管理者和基層職員相比，職責發生了很大的變化，從靠個人把事情做好，變為帶大家把事情做得更好。這就帶來了對管理者不同的要求，並需要你在培養部屬的領導力時，得先會選人，然後再談帶人。

管理學家勞倫斯·彼得（Laurence Peter）根據千百個在組織中不能勝任的員工的失敗案例，分析歸納出了著名的「彼得原理」（Peter Principle）：在等級制度中，每個員工都應被提拔到他所不能勝任的職位上。彼得指出，員工由於在原有的職位表現良好，而被提拔到更高一級職位。其後，如果繼續勝任將進一步被提拔，直至他所不能勝任的職位。

也就是說，你的部屬在其位置上做得出色，只體現了他在現職上的能力不錯，並不能保證他在下一級，尤其是管理職上依然能表現出色。現在工作的職責能好好的完成，只是達到了勝任下一層級的門檻，更重要的是要著眼於潛力，看他是否能在更高的層次上發揮能力。

那麼，對於管理職，最應該看重哪些要素？

有潛力員工的特質

潛力，簡單來說就是一種尚未發揮的潛在能力。高潛力員工一般具有以下三個特質。

良好的學習敏銳度：管理者要處理的問題，逐漸脫離了基層職員所需之專業知識技能的範疇，是由各種不確定因素綜合而成的複雜問題。管理者必須能夠撥開迷霧看清本質，以敏捷的思維快速掌握新知識，以應對各式各樣的挑戰。要是看不清問題就指不明方向，團隊也會跟著管理者不合格的決策原地打轉，甚至白費力氣。

如果你的部屬總是展現清晰的思考邏輯，能一針見血的看出問題本質，善於快學快用，就表明他具備良好的學習敏銳度。反之，若你發現他難以理解，或無法講清楚有一定複雜度的邏輯性事務，只能在狹窄領域內鑽研，那麼他未來在複雜事務的判斷和處理上，有很大的機率會處理得比較吃力。

優秀的人際敏銳度：如果說學習敏銳度偏向智力層面的能力，人際敏銳度則更依賴情商。相較於基層職員，一個管理者的人際影響輻射範圍擴大，不僅要影響自我，更要影響部屬、主管和內外部合作夥伴。優秀的人際敏銳度指的是具備良好的認知自我能力，能夠識別自己與他人的情緒、狀態和需求，並可以既保持自我良好而穩定的工作狀態，又可以與他人進行適當的互動，保持積極的人際關係。

如果你的部屬對自己缺乏客觀認識，不能正確看待自己的優缺點，只關注事且很少關注人的需求，那麼未來在處理多元化人際關係，以及在壓力下自處時往往會碰壁。

能克服困難的逆境力：逆境力俗稱「逆商」，指的是能夠克服困難、挫折帶來的打擊，重新振作、勇於面對挑戰的能力。一個管理者被期待在面對挑戰時保持積極的狀態和行動力，給予部屬榜樣與期待。如果管理者一碰到困難就垂頭喪氣，第一個想打退堂鼓，那麼可以預見，其團隊士氣會一瀉千里。

在日常工作中，觀察部屬在遇到問題時是積極還是消極居多；對有挑戰的事是勇於承擔，還是迴避退讓；對待錯誤較常從中學習還是一蹶不振，都能幫助你識別其逆境力。

他的成就動機高嗎？

為什麼有些人在原職位上是達人、高手，到了管理職上反而變得迅速平庸，甚至達不到要求？其中很大的原因，是他本身就缺乏領導他人的意願和動力。

在職場中，一個人的動機可以分為四個面向：

成就動機：對成功的渴望，希望透過克服障礙、完成艱巨任務，達成較高目標，並在這個過程和結果中取得成就感和滿足感。

親和動機：與他人建立積極、和諧、帶有情感紐帶的人際關係的動力。

權力動機：試圖控制、指揮、運用他人達成目標的願望，往往呈現的是上下級間命令與服從的關係。

影響動機：採取行動感召他人追隨自己，期待透過幫助他人成功，獲取自我滿足的動力。

作為一個管理者，這四種動機都是必要的，只是占比多少可以有所不同。從發掘領導潛力的角度來說，最關鍵的是要具備一定的影響動機，這決定了他是在驅動自我上更有動力達成目標，還是在引導他人上更有幹勁，團隊管理者更需要的是後者。

價值觀符合企業文化

我們常說，一間企業的氛圍源於其創始人的價值觀。那麼，若將觀察的範圍縮小到一個小團隊上，這個團隊管理者的價值觀是否符合企業價值觀、社會價值觀，也會對團隊產生更直接、更顯著的影響。

拋開企業特有的價值氛圍不談，我認為以下幾項是所有管理者都適用的價值觀期待：

守信用：作為管理者，講誠信是最基本的要求，因為這建立在對他人和組織的尊重和信任基礎之上。管理者必須對員工、合作夥伴和客戶遵守信用、承諾，即時溝通和處理問題，不能說一套做一套。唯有如此，才能建立可靠的管理者形象和優秀的團隊文化。

擅合作：成功的管理結果與豐富的資源和優秀的團隊密不可分。只有與部屬和合作夥伴協同合作，才能實現團隊的共同目標。管理者需要帶頭建立一種協作的團隊文化，透過與同事分享知識和資源，以及關注同事的需求，來引導他們與合作夥伴願意參與各項工作事務。

事為先：管理者最重要的工作是解決公司關注的各項問題，在此基礎上，必須具備目標意識，注重專案和任務的重要性和優先順序，並尋求提高整個團隊的效率和品質。

人為重：團隊的成功不僅是管理者的成功，更是全體成員合作努力的結果。因此，作為管理者，要尊重部屬的需求和個性，最大限度的引導他們實現自己的價值和潛力。在員工福利、培訓和發展等方面，給予其大力支持，從而提高他們的工作積極性和效率，並構建一個以人為本的團隊文化。

10 不插手的藝術

你的部屬小李管理著部門下設的一支銷售團隊。儘管他工作賣力，在團隊目標的執行上卻經常出問題，連續兩個月都未能達成團隊設定目標。你請他解釋，他也說不出原因。看著小李確實天天加班累到不行，你既體恤他的辛苦，又對此有所擔憂。

遇到這種狀況，你的第一反應會是什麼？我想，大部分都會是「你在旁邊看著，我來吧！」這種反應通常源於兩種心態：一是你覺得自己比部屬強，這種能力、經驗上的優越感讓你願意衝鋒陷陣、為其代勞；二是覺得管理工作不得有誤，任何問題都要用最快、最直接的方式解決。

也許薑確實還是老的辣，你一上陣，問題很快得到了改善。但當你把職責還給他時，狀況又被打回原型，因為沒解決他自身的問題，也沒提升個人能力。與此同時，這還導致了新問題的出現：小李底下的員工一對比，發現你來了就能解決問題，但輪到他來就問題百出，這說明了他的能力仍有不足。就這樣，小李在他部屬中的威信一落千丈。一旦失去威信，他會在工作的各個方面被員工輕視，不光工作更難開展，你也需要投入更多的精力去處理這更難解決的信任問題。況且，還有一種可能：你上陣後，問題依然存在。這時，你不光背上了小李的猴子，小李也不覺得自己有什麼值得改進的地方。

因此，為避免以上情況，在與部屬說明管理問題的解方、培養其領導力時，應牢記兩大目標：提升部屬能力和維護部屬威信。

要達成這兩點，就需要把握好「不插手」的藝術，也就是做好一個幕後英雄。

作為幕後英雄，有什麼方法能幫助部屬提升領導力？

上一節我們談到了在選擇部屬作為主管人選時，要優先選有潛力的，因為它作為冰山下的深層次部分，不太容易在短時間內獲得大的改變。因此，潛力不易被激發。而談到發展和培養時，就回到可培養的部分了。**簡而言之，選的是潛力，帶的是能力。**

要培養部屬的領導力，需要先定位清楚他在能力方面存在什麼關鍵問題，然後針對這些問題，在工作中為其提供適合練習的任務，並隨時給予回饋和指導，鼓勵他不斷努力和成長，幫助他成為卓越的管理者。簡而言之，就是要進行找出差距、給予練習機會和提供輔導這三個步驟。

自評與他評，找出差距

這裡要找的是部屬所在管理職位的關鍵要求，和他的實際能力間的差距，從而定位其需要發展的關鍵能力。如果條件允許，可以使用「三百六十度回饋評量」（360 Degree Feedback，以匿名方式向某員工在工作上密切合作對象，收集關於該員工的意見回饋的評量方式），透過部屬自評，及其主管、平級、部屬他評，來印證能力差距。儘管大部分情況下，部屬出現問題的情況是隨機且情境化的，你仍可以應用此邏輯工具進行處理。也就是：

- 作為主管親自觀察部屬出現問題的場景和表現。
- 和部屬談話，了解他對問題的理解和與自我的關聯。
- 訪談部屬的團隊成員，了解他們對問題的看法和對其主管的建議。

這些都是可以直接實施的三百六十度回饋評量。

回到前面銷售主管小李的例子。銷售目標的達成離不開目標的制定、傳達、執行、追蹤，以及調整的全過程。問題出在哪裡？你了解到，每次小李都會透過例會的方式將新的銷售目標告知團隊，於是你決定以團隊例會為問題切入點。在觀摩了幾次小李召開例會的情況後，你發現了問題所在：會議上議程混亂，銷售目標的分配沒得到團隊成員的確認和承諾；在成員提出工作挑戰時，小李也沒有澄清問題，或與大家商討解決方案，常常不清不楚的略過；會議時而陷入沉默尷尬，時而跑題，結束時也沒有達成明確的決策。

觀摩幾次會議後，你和小李談了談，他也覺得自己在安排、執行目標的過程中欠缺規畫、組織和溝通能力。你也從其部屬那得到印證，大家認為小李只是分派了工作，但在如何達成目標上，並沒有對團隊帶來明顯的幫助。

這樣，問題可以總結為「小李未能明確的傳遞目標，且沒為團隊提供足夠的支持和幫助」。

隨著時間的推移，團隊成員的動力不足，導致他們未能達成既定目標，而小李也沒有即時發現問題、跟進、協調和調整，導致團隊業績不如人意。最後，能力差距就聚焦在計畫與組織上。

培訓和觀摩，是重要的練習機會

在識別出部屬存在關鍵能力不足的狀況後，你需要協助他找出提升自身能力的合適任務，讓他在相關工作中進行強化訓練。在部屬展開具體工作的過程中，給予其所需資源與支持，如培訓、觀摩機會等，並要求他制定行動計畫，把如何在工作中練習能力、要達成什麼階段性目標，都安排進行動計畫裡，然後再有序的開展。

針對小李的弱項，團隊例會就是強化訓練的好選擇。因為要把會議開好，就得學會制定會議目標和議程，確立銷售目標的分配，擬定策略計畫，並與團隊達成一致。此外，還要同心協力，向團隊提供必要的支援。這些都是訓練計畫與組織能力的好時機。

你可以向小李提供一系列支援，比如請他觀摩其他銷售主管的例會，看看其他人是如何做的，藉此吸取經驗；也可以向他推薦計畫和組織相關的培訓或書籍。然後請他將資源學習、訓練任務等，細化成能力提升行動計畫，一步一步的實施。

透過輔導，讓他看見進步與反思

在部屬實際練習的過程中，你還需要持續的給予指導和幫助，並即時表揚和鼓勵，激發他不斷嘗試、探索、改進和學習的積極性。與他約定定期談話的時間，透過觀察其工作情況，即時發現需要加強之處與不足，給予建議和指導。運用本章前幾節介紹的輔導方式，幫助他看見自己的進步，反思、發現自己的問題，並落實相應的改進措施。

比如，小李開始實施行動計畫後，你可以參考以下建議行動：

- 請他總結從培訓、書籍中學到的方法，並回顧在實際工作中的做法，對比差異性，找到可以應用的理論與方法。
- 請他在觀摩其他主管的例會後整理筆記，學習他人的做法，思考在他的團隊中實際操作的可能性，並和你分享。
- 每次召開團隊例會前，讓他根據前兩點所學，提前設計會議目標、議程；拆解目標並思考，達成目標的基本構想；設想員工可能存在的問題，並預備相應答案。
- 將內容打成文字檔，讓小李會前和你商量、適當調整，接著在會上展開討論。
- 會後再去復盤哪些地方歸功於提前規畫做得好，哪些地方還有不足，哪些地方靈活應變得好，哪些新情況值得累積，並再次和你共享，探討下次的改進措施。

這樣幾個回合下來，部屬的領導力就會顯著提升了。

帶人高手重點筆記

識別部屬成熟度，以相對應的領導風格與其相處

- 當部屬工作表現不佳時，先綜合考慮三要素——能力、意願和外力，來辨別問題出在哪裡。
- 如果是能力和意願問題，請透過兩者程度的不同，區分部屬當前的成熟度，靈活調用告知式、推銷式、參與式或授權式等，不同領導行為風格，促進部屬的改進或發展。
- 在對能力和意願問題下判斷之前，先考慮是否有外力因素阻礙部屬的工作表現，做到對症下藥。

令部屬背穩該背的猴子，讓職責歸位

- 合理規畫你的管理時間：落實你的六大管理要務，對各項有所兼顧，並根據情況適時調整優先度。
- 提高部屬的自由層級：透過提升部屬的能力和創造開放、容錯的環境，提高其自由程度，釋放其更大的潛力。

・逆向管理：對拋來的猴子保持敏銳，恰當回應，並讓其回到部屬背上。

善用有力的提問，釋放部屬的潛能

・解決問題前先找出根本原因：只有找到根本問題，才能就其討論解決方案，否則容易在一開始就產生判斷誤差。

・提出開放式而非封閉式的問題：多問開放式問題，讓部屬思考、發揮。

・提出正向的而非評判的問題：提出積極的，不帶有質疑性質的問題，能使部屬獲得希望和動力，並提出自發的、聚焦未來的想法。

第二章

你的和他的情緒，都要管理

01 拒絕部屬提議但不得罪人

團隊例會上，你正帶著大家討論專案進度，部屬小李向你提出了新的執行方法。這個做法會延遲項目交付時間，也有一定風險，但小李認為這樣做對達成專案目標有更長遠的意義。為了往下推進會議議程，你跟小李說：「這個想法在今年不太適用，以後有機會我們再討論。」小李面露尷尬，會議的後半段就再也沒發言過。看到這個狀況，你試著鼓勵小李發言，想緩和一下氣氛，但他不怎麼積極，你心裡也覺得尷尬起來。

拒絕他人從不是容易的事，直接了當會讓對方不舒服，太過迂迴又會延誤事情。你可能覺得自己只是就事論事，部屬卻認為你沒顧慮他的感受。你也可能因為過於糾結，表現得婉轉，讓他們不明白自己是拒絕的意思，因此來回拉鋸。事實上，和你有同樣煩惱的管理者，也大有人在。

作為管理者，你需要做很多決定來集中團隊資源，把精力放到最應該做的事情上。**你既需要集思廣益，運用團隊成員的聰明才智與創造力解決問題，又需要在眾多意見中取捨，採納好點子，拒絕不合適的想法。**但如果拒絕的方式不恰當，就會帶來一系列負面影響：

・打擊部屬工作積極性。
・破壞部屬思維創造力。
・影響團隊的開放文化。
・耽誤團隊的寶貴時間。

拒絕人不容易，但還是得做。那麼，該如何更有效的執行，同時不打擊對方的積極性？我們首先要了解作為拒絕者的你，和被拒絕一方的部屬，在這件事情上的需求。

你的需求是做出正確判斷，盡快把工作推進到下一步，不要在對方天馬行空的想法上浪費時間。所以，你選擇直言不諱的說：「這個想法我不同意」、「你把事情想得太理想化了」、「這個策略行不通」。

部屬的需求是讓主管和同事們知道自己的想法，認可提議，這樣他會覺得自己對團隊有貢獻、有價值，因此更有信心。所以他嘗試把意見說出來，並且不希望被誤解或無視。

結合雙方各自需求，作為主管的你，可以採用以下四步來進行有效的拒絕式溝通。

放下糾結，開門見山

我想大家都能理解，如果今天要你拒絕主管的意見，這肯定是個挑戰。然而，當你面對的是部屬，作為主管的你應該已占據有利地位，為什麼還會在拒絕時瞻前顧後？其實，這種心態是有心理學根據的。

「認知失調理論」（Cognitive Dissonance）認為，當一個人的行為與其價值觀、信念或自我形象不一致時，就會產生不適，即認知失調。當你拒絕別人時，可能會引發認知失調，因為你的行為與你的價值觀——友善、幫助他人不一致，這可能會導致你內心不安和矛盾。

如果你是一個極具親和力、處理事情時更加偏向以人為本的領導者，就會更加在意自己的拒絕對部屬造成的影響，以及能不能維護自己一貫想要塑造的親和形象。一旦部屬表現出沮喪、失望、抗拒，就會引發你的情緒，讓你感到尷尬、內疚、失望、憤怒。

了解原理後你就能明白，糾結的你是把拒絕與不友善、不利他劃上等號。但是，拒絕是行為，友善是態度，用友善的態度拒絕，仍然可以傳遞你利他的核心理念。

把拒絕理解為你在幫助部屬調整問題，協助團隊統一方向，將你的拒絕合理化，讓它變成為部屬提供回饋的一種常見方式。

尊重感受，認同動機

能提出建議的人，通常是有思考過、有意願把事情做好的部屬。認知到這一點，就能明白他們提議背後的需求，是需要被你理解和認同。理解，是聽懂他在說什麼；認同，是同意他所說。

你不一定要認同他所說的，卻要肯定其提議背後的良好動機；而認同動機，是以認真聽懂他在講

什麼為基礎的。

但情況往往是，部屬的高談闊論根本不符合當下情勢，或者他的想法在你看來不值一提。你不自覺皺起的眉頭，忍不住打斷對方，這些動作已經將你的不耐煩暴露無遺。即便你拒絕得對，部屬也會認為你根本沒有好好聽他在說什麼，因此心生不滿。

所以認真傾聽部屬說話十分重要。如果時間有限，可以提醒他需要言簡意賅的表述。聽完後，根據你的理解重述對方的想法，可以用「你的意思是……我的理解對嗎？」向對方確認自己是否理解正確，並讓他知道你在認真聽，從而讓他感到你的尊重和耐心。

澄清理解後，要使用肯定和積極的言語來表達對部屬的感謝：「感謝你提出這個想法，你一直在積極思考，想讓這個案子做得更好。」

提供解釋，尋求理解

儘管對部屬來說，希望得到的最好回饋是自己的提議能被採納，但能讓他表達並被傾聽，得到尊重和合理的解釋，對大部分人來說已經非常滿足了。

若你能根據他的提議，給出目前不採納方案的合理解釋，可以使彼此獲得以下好處：從邏輯上讓部屬接受提議不被採納的原因，使他了解你的決定是基於實際情況，已經考慮到了各種因素，而不是因為個人偏見而否定他的提議；情感面向上，可讓他感受到被尊重；從面子上來講，也給了他臺階下。

你可以這樣對部屬說：「這個想法如果在三個月前進行草案時提出，確實值得好好探討。不過現在人力、物力已經投入了，再調整會延誤交付，所以我們還是需要回到當下思考方案。」

找出價值，積極認可

然而，是不是每個被拒絕的提議都毫無意義？其實不然。如果認真想一下，就會發現任何提議都有積極的一面。

- 雖然現在不能被採納，但是可能對未來或者其他案子有啟發意義。
- 雖然想法有邏輯漏洞或太理想化，但當你允許團隊提出不同想法時，其實是在為團隊創造開放工作氛圍。
- 雖然這個提議不合適，但它可以激發團隊更多有意義的探討。

能在看似消極的事情中發現積極的一面，並即時提取、予以回饋，有利於體現你的影響力。對這個提議的部屬來說，一個被拒絕的想法轉變成了機會；對於團隊來說，大家意識到提出想法是好事，從而營造一種不怕被拒絕的氛圍。此時，你可以這樣回饋部屬：

- 「你這個想法倒是提醒了我，我們另一個案子在立案階段，可以好好考慮一下。小李，你把這個想法的細節整理出來，我們在那個新案子的溝通會上具體討論。」

- 「小李，謝謝你做了好示範，勇於提出想法。大家剛才在會議上都不怎麼發言，就我一個人在講，但你們的聲音才是最重要的。」
- 「借著剛才小李的這個提議，我有個類似的想法，也跟大家討論一下。」

02 怎麼給建議，對方聽得進

部屬小李負責為客戶提供設計方案，但最近提交的專案中，有好幾處粗心錯誤，幸好在客戶審閱前發現。你在團隊例會時批評了他，本想用這種方式引起他的重視，杜絕錯誤，沒想到他臉色一沉，會後跑來告訴你這個專案他無法承接，申請調換專案。但這個專案小李從頭跟到尾，除了這次問題，客戶還是很信任他，這時候放下工作，既無法對客戶交代，一時也找不到替代人選，只能對他好言相勸，可其實你自己心裡也是一肚子氣。

批評部屬的誤區

當部屬犯錯時，你選擇批評他，可想而知你最期待的回應是，對方能馬上認識到自己的錯誤，認真致歉，並積極投入工作、盡快改進。但是，批評的結果往往事與願違，有時部屬把不滿掛在臉上，甚至還會和你據理力爭。為什麼會出現這樣的反應？難道部屬犯了錯，作為主管不能指出糾正嗎？

當然可以，而且作為主管必須即時指出錯誤。然而談到批評部屬，大部分領導者很可能會陷入以下幾個誤區。

沒調查清楚就下判斷：當你看到部屬遲到，立即就斷定他是明知故犯；當部屬和別的同事溝通起衝突，你根據對那位同事的了解，立刻判定這是部屬的問題；一看到客戶投訴，馬上認定是部屬在服務中出了問題。也許有時你的判斷是對的，但凡是有一次判斷失誤，誤解了部屬，就會對你們的信任關係造成不小的影響。

對人做評判：「你這麼做太沒有責任感了。」、「你做事真不仔細。」、「你的組織能力太差了，工作才這麼雜亂無章。」

這麼說是否定了部屬的人品、特質、能力，傷了部屬的自尊心，引起他的不滿，或者打擊他的自信心。

以偏概全：「你從不主動跟進工作，老是拖延。」、「你總是犯同樣的錯，沒有任何改善。」、「你思考問題都想得不夠深入，所以總是做出錯誤的決定。」、「你總是站在自己的角度，不考慮其他同事的難處。」你可能因為部屬一次或幾次表現就對他做出了全面的判斷，他們哪怕嘴上不否認，心裡也不會認同這些批評。更可怕的是，如果他認同了你對他下的判斷，就更沒有勇氣做出改變。

帶著負面情緒：有時，部屬犯錯會觸發你的負面情緒，比如生氣、憤怒、無奈。如果在和部屬溝通時沒有管理好情緒，它一方面會傳遞給部屬，讓對話變得消極；另一方面，你會做出不夠冷靜的決定，比如一氣之下辭退部屬，或和他當著其他同事的面對峙等。

步入這些誤區，就有極大的可能使你和部屬的關係陷入低谷。那麼，怎樣做能讓他既認知到問題，又願意積極接納和改變？答案是，把批評轉化為建設性回饋。

給予建設性回饋

建設性回饋指的是向部屬提供具體、明確、帶有指導性的資訊，以幫助他們了解自己的工作表現，識別和利用自身優勢，提高能力。

批評往往會突顯問題和缺陷；建設性回饋則更加注重從個人成長和發展的角度，提供建議和指導。

批評往往伴隨著負面情緒，導致部屬產生防禦行為；建設性回饋則注重鼓勵和支持，並以積極的態度來提供幫助。

批評是你對部屬的單向回饋，主要起督促、警醒等作用；建設性回饋更強調雙方間的溝通和交流，有利於建立良好的合作關係。

那麼，該如何對部屬進行建設性回饋，使他們採取行動呢？我們首先需要站在他的角度，了解改進的必經之路。

部屬會經歷三個需求階段和一個需求關鍵點（見圖2-1）。

- 我要改進什麼：了解自己具體在什麼行為上需要改進，這些行為與期待之間的差距是什麼。
- 我為什麼要改進：了解這種行為對自我、他人或工作產生哪些影響，以及改進的必要性和重要性是什麼。
- 我該如何改進：知道可以獲取什麼支持、資源、指導來改進。
- 我的感受好嗎：在主管與我溝通的過程中，我有被尊重嗎？

一場有效的建設性回饋可以分為以下六個步驟。

給出具體資料和表現事實：在回饋之前，要搜集和分析具體的資料和表現事實，使回饋更具體、有說服力。可以列出部屬在績效、品質、時間、效益等方面的工作表現資料。**最好要經過你親自觀察、印證，而非僅靠「我聽別人說」或「我覺得」下定論。**

「小李，這週從週一到週三，我看你每天都遲到了四十分鐘。據我了解，最近你的工作量還可以，不太需要加班。所以我可能有必要和你談談遲到的問題。」

描述具體表現所產生的影響：在向部屬提供資料和表現事實後，需要就以上資訊，具體的描述對其個人、團隊或組織的影響。描述要針對表現

▼ 圖2-1　改進的必經之路

我要改進什麼？→我為什麼要改進？→我該如何改進？→付諸改進行動

我的感受好嗎？

的影響，從實際的結果展開，比如時間延誤將影響交期，產品品質出現問題可能導致公司和部門績效無法完成等。

「連續三天遲到，一是需要同事在早會後，額外花時間跟你說明沒聽到的資訊；二是你耽誤了自己的休息時間，我有看到你中午不吃飯都在趕工作；三是其他同事會因為不了解你的遲到原因產生誤會。」

傾聽部屬的說法：此時別急於跳進解決方案中。**你觀察到了事實，但這未必代表真相。**需要給部屬機會澄清原因，了解對方怎麼看待這件事。例如：「發生了什麼事情？是什麼讓你這幾天都遲到呢？」

表達對部屬出錯原因的理解：理解不代表認可，但能對部屬坦誠表達你的尊重，讓對方感受到自己雖然做得不對，但聲音是有被聽見的。

「小李，我能理解因為家人生病，需要你早晚送飯，使你早上晚到，下班又得趕快離開。」

商討改進方案並使雙方達成一致：根據待改進行為的性質，你可以視情況來選擇，你該直接告訴部屬解決方法，還是間接引導他思考解決方案。無論是哪一種，都需要尋求部屬的認同，雙方達成共識。

「小李，這幾天你也沒有好好休息，我建議你休假幾天，多花一些時間照顧家人。你跟同事交接一下工作，我會和大家解釋。此外，未來再出現類似的情況，我希望你能先跟我溝通，而不是自己犧牲午休時間趕工作。如果我提前知道情況的話，會給你更多的支援，也能提前把你的工作安排好。」

「小李，你覺得你可以做些什麼，讓事情變得更好？」

保持客觀尊重的態度：對部屬來說，感覺好才能做得好。無論是事出有因，還是對方就是因為主觀犯了錯，就事論事總比帶著個人情緒解決問題有幫助。恰當的語氣和態度有助於建立良好的溝通基礎，透過為部屬提供正向回饋和建議，增加其信心和動力，能幫助他更好的達成期待。

03 應對火爆部屬

我曾有過被部屬發脾氣的經歷，雖然事情已經過去好幾年，但還是記憶猶新。那天，我走到這位部屬的座位旁邊跟他商量工作，請他再修改報告的幾個地方。原本，我覺得這是一次很平常的對話，但不曉得是哪句話踩到他的雷點，他突然站起來，面紅耳赤的對著我吼：「為什麼還要改！」我吃驚的倒吸了一口氣，試圖讓內心平靜下來，同事們紛紛看向我們，空氣彷彿凝結了兩秒鐘。

如果遇上這類事，你會做出以下反應嗎？

- 「他太不給我面子了，如果不反擊會顯得我很沒用，以後還怎麼做主管！」
- 「平時待他不薄，他竟然用這種態度對我。太傷心了，再也不想理他。」
- 「他是不是最近壓力太大了？算了算了，不跟他計較，安撫他一下吧。」

以上三種反應，分別對應了三種不恰當的回應方式：

反擊：部屬本身就在氣頭上，這時你硬碰硬，猶如火上澆油，很有可能將原本單方面的情緒發洩，變成雙方的對峙甚至爭吵，讓局面更難收拾。

冷戰：我們有時會想透過時間化解尷尬，但問題尚未解決，衝突的狀況往往是越擱置越難修復。更何況，雙方還需要在工作上打照面，帶著疙瘩合作實在是讓彼此都很難受。

縱容：如何區分寬容和縱容？**寬容，是在了解對方發脾氣背後原因的基礎上，選擇理解；縱容，是在不明就理的情況下，選擇睜一隻眼閉一隻眼。**縱容的對象往往是那些業績不錯的部屬，他們聰明伶俐，做事果斷，當他們對你或者其他同事態度不好時，你會站在惜才的角度上為他跟同事們說好話：「他就是這個脾氣，但是人其實不壞。」

可是職場上，同事間是平等的，沒有誰該去容忍誰的刀子嘴，何況刀子嘴本身就意味著沒有站在別人的角度上從善意出發。當其他同事看到你的縱容態度，往往會選擇容忍他，但隨之而來的溝通內耗就會變成隱患。

一反常態，還是一貫如此？

在面對部屬的壞脾氣時，首先需要區分，他是一反常態突然控制不住情緒，還是平常一貫如此表現。

如果是前者，代表他平時是與人為善的，也能和你好好商量，那麼情緒失控的背後一定有刺激因素，並且很可能是日積月累的問題。雖然他對你發脾氣著實讓你有些尷尬，但你仍需感到慶幸，日積月累的問題總要有宣泄的地方，他的發洩讓問題有機會浮出水面，雖然也許不太好看，但總比一直壓抑、成為更大的問題要好得多。

這種情況特別考驗你的容忍度。只要能很快的回想起他日常的好，就能避免激發自我保護的對抗情緒，改以為他好的方式冷靜處理衝突。其中最推薦的處理方式是切換場域和關切詢問。

切換場域：指的是讓部屬離開情緒爆發的此時、此地，進到不同環境緩衝、冷靜。

- 切換時間：「小李，你先冷靜一下，半小時後我們再聊。」
- 切換地點：「小李，我們別站在這裡說，走，去外面走走。」

關切詢問：指的是你不放在心上，站在想要幫助他的角度來關心他的情況，引導他說出心裡話。例如：「小李，剛才你突然這麼激動嚇了我一跳，但我想肯定是什麼影響了你，你願意和我說說是什麼嗎？」

還記得本節開頭那位對我發脾氣的部屬嗎？在我倒吸了兩秒冷空氣後，判斷出他屬於前者，也就是突然情緒失控。於是，我沒有急著說什麼，而是請他跟我到會議室來。

關上房門，我對他說：「你平時不太會這樣，今天是怎麼了，發生什麼事嗎？」那位部屬可能以為我叫他到會議室是為了罵他，沒想到會被我這樣詢問。話音剛落，他的眼淚就掉了下來。慢慢的，他告訴我這幾天家裡的突發狀況，讓他的神經特別緊繃。我在這節骨眼上挑剔他，觸碰到了他敏感的神經。那件事之後，我能明顯的感覺到，他對我的信任加深了。如果我當時選擇跟他對峙，肯定不會有這樣的結果。**唯有在部屬展現憤怒時發現他的脆弱，才能真正讓他釋懷。**

接下來我們再來談另一種情況，那就是部屬平時就脾氣火爆的情形。哪怕他對身為主管的你還算尊重，只是對其他同事常常黑臉，即使業績再好，也需要你介入處理。

「情緒商數」（Emotional Intelligence，縮寫為ＥＱ。簡稱情商）最早由美國耶魯大學的薩洛維（Salovey）和新罕布夏大學的梅爾（Mayer）提出，指一個人理解和管理自己和他人情緒的能力，體現在對情感資訊的處理和反應能力上。它對人們保持良好而穩定的工作狀態、進行良好的溝通和互動扮演著重要角色，對於建立積極持久人際關係非常重要。

情緒商數由四個主要部分組成（見圖2-2）。

- 自我情緒評估：識別並理解情緒狀態的能力。
- 自我情緒調節：管理自己情緒反應、控制衝動行為的能力。
- 他人情緒評估：覺察體會他人情感的能力。
- 自我激勵：利用情緒改善行為結果的能力。

前兩點是後兩點的重要基礎。也就是說，一個人想要體察他人情緒，並善加利用自己的情緒，首先需要掌握自身感

▼ 圖2-2　情緒商數的四個組成部分

自我情緒評估	自我情緒調節
他人情緒評估	自我激勵

受並管理好自己的情緒反應。

不能好好說話、容易對別人發脾氣的員工，就是這兩個基礎沒打好。作為管理者，要讓部屬用良好態度對你講話、好好與同事溝通，需要從這兩方面著手，幫助他提升情緒管理的能力。

引導部屬識別自我情緒：很多時候，當一個人被情緒左右，恰恰是因為他不知道自己在情緒當中。有一回，我跟另一個部門的同事說：「你知道嗎，我們團隊的同事都挺怕你凶他們。」我以為他知道自己脾氣不太好，沒想到他很驚訝，一直問我：「真的嗎？我有凶他們嗎？我沒有啊，是不是你們同事太玻璃心了啊？」

意識到情緒的存在，識別出是哪一種：這是管理情緒第一步：當你觀察到愛發脾氣部屬又出現負面情緒時，可以跟他確認：「你現在看起來有些沮喪，是嗎？」、「我感覺你生氣了，我的感覺對嗎？」、「你看起來不太對勁，能說說發生了什麼事嗎？」

你猜測的可能恰巧是部屬的感受，也有很多時候，他不是你所說的那樣，他會思考一下，然後表達出自己感受到的情緒。無論是前者還是後者，都能幫助他暫時從負面情緒中走出來，站在旁觀者角度，看見自己在被何種情緒干擾。當他了解了自己的情緒，再加上你的理解，負面情緒很可能就減少了一半。

教他把負面情緒轉化為積極行為：當一個對自己要求高、對別人要求更高的人，發現別人犯錯時，會特別容易著急、恨鐵不成鋼。如果他不善於管理自己的情緒，就容易將負面情緒投射到他人身上，試圖獲得別人的重視與調整。他的內在邏輯是：我對你發脾氣，是讓你看見問題的手段。然而，這種手段往往適得其反，而你要做的就是讓他知道，這種方式不可取，應該使用更加有效的方式，如穩定的情緒、平和的態度、解釋的言詞，去達到原本的目的。

向他說明情緒管理能力，是評估其潛力的重要考量因素：這其實是在告訴他，如果一直不積極改變對待他人的方式，將會對其職涯發展造成影響。很多部屬不願改正，是因為並沒有覺得改變對自己有意義，畢竟過去他總是對別人態度不好，難受的是別人。此時，你需要明確的告訴他，調節情緒、得到他人的支援與配合，對他的職業發展至關重要。這是把改進的責任轉移回他自己手上，而不是你在他後面苦口婆心的追著他調整。

04 那些見你就躲的人

你曾經遇到過以下情況嗎？

- 團隊會議上，你拋出問題，想讓大家各自提出想法，可他們卻很有默契的保持沈默。你不知道他們是真的沒想法，還是不願意說，只能選擇在尷尬了幾十秒後，點名輪流發言。
- 你手上有個任務需要支援，詢問部屬們誰願意主動參與，大家面面相覷，卻無人應答，你只好直接指派。
- 你發現部屬在最近的工作中遇到挑戰，想和他談談，卻被對方迴避，不願意和你交流，並試圖避免你發現他的問題和困難。
- 部屬表現出明顯的不信任，總對你的決策方向提出異議，甚至不經思考直接反對。
- 部屬不願意和你分享個人生活和感受，態度冷淡，令你感到難以接近。
- 部屬對你的態度變化莫測，有時熱情，有時冷漠，讓你難以判斷他們是怎麼想的。

作為管理者，你總是盡職盡責的完成工作，卻發現部屬往往對你有所保留，不敢或不願與你溝通，令你十分無奈。儘管已經盡力營造信任的氛圍，仍無法好好與他們交流、建立關係，你不禁懷疑自己管理和人際處理的能力，因此感到沮喪和無助。曾有過這樣經歷的你並不孤單，因為這也是許多管理者經常碰上的狀況之一。

相比看得見、摸得著的工作流程和管理措施，建立信任與關係顯得有些抽象，但這卻是一個績效高、具有凝聚力團隊的必備基礎。著名管理學諮商心理師派屈克・蘭奇歐尼（Patrick Lencioni）在他的著作《克服團隊領導的五大障礙》（*The Five Dysfunctions of a Team: A Leadership Fable*）中介紹了一個關於團隊協作障礙的模型。可以看出，作為金字塔的底層，「缺乏信任」是阻礙團隊協作和達成高績效的基本問題（見圖2-3）。

一個團隊成員間的信任，首先來自上下級信任的穩固性。也就是說，若沒有與部屬建立信任

▼ 圖2-3　團隊協作的五大障礙

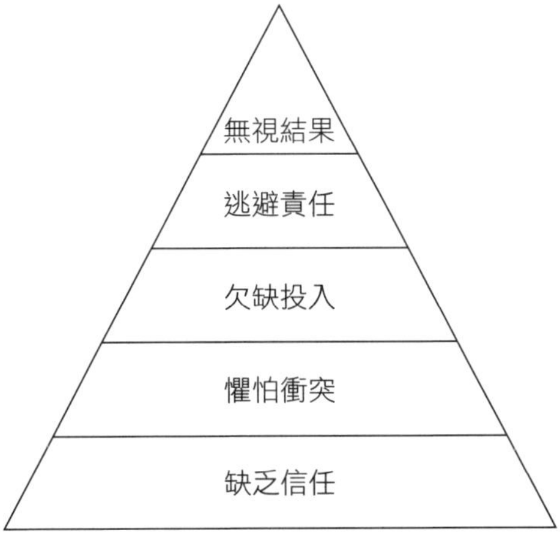

基礎，很難形成團隊凝聚力。信任是提升效率和成果的有力保障。想像一下，如果部屬非常信任你，那麼工作的過程中會出現什麼樣的場景？

部屬會很願意與你分享自己的想法和問題，以便得到更好的支持和指導。

你不怕為他們指出問題，不需要在溝通前設想他們各種抗拒的反應和對策，也不需要在溝通時斟酌措辭，揣測他的想法，擔心他的反應。

當你充分考慮後，決定採用具風險性的決策，或進行新嘗試時，部屬不會不停問你「為什麼」，而是相信你的決定，並為實現它和你同心協力。

這一切，都避免了團隊中無謂的拖延、拉扯和消耗，藉此加快達成方向一致的速度。同時，基於信任帶來的工作積極性和動力，又能提升任務的完成度。

信任是一種雙向的關係，是雙方互相成全的結果，而不是由其中一方來定義。如果你信任部屬，但對方不信任你，那你們之間就沒有形成信任關係。

你是否見過擺在路邊的無人水果攤，沒有賣家，只有一臺磅秤和一個錢筒？有意思的是，接受這份信任的人，也就是願意使用這種自助購買方式的人，往往也會遵守這份無聲的契約，誠實的秤重、付款。這就是信任的力量。

那麼，如何和部屬建立信任關係呢？我將建立信任的方法設計成一個簡單的公式：

信任關係＝自我信用×信任他人

其含義是，想要和部屬建立穩定的信任關係，既要讓自己成為一個值得被信任的人，又要展現信任他人的行為。兩者缺一不可。

成為值得信懶的主管

「自我信用」指的是做到被部屬認可，成為一個可靠、值得信賴主管的能力。要做到這一點，以下有四個條件需要留意：

坦誠以待：坦誠，顧名思義要坦率、誠實。大部分情況下，當你問一個人他是否覺得自己是一個坦誠的管理者，通常會得到肯定的答覆。然而，作為管理者，也需要注意避免那些不易覺察的「善意謊言」。

比如，部屬工作出現問題，你為了維護他的面子，還是跟他說「你做得不錯」，卻在年終績效考核時，給他低分。這時再跟部屬解釋你認為他有哪些問題，對方會認為你明明早知道卻不說，還讓他一直誤解自己做得不錯，現在已成定局，只能責怪你的不坦率。

信守承諾：信守承諾指的是，只要對部屬許下或大或小的承諾，都要說到做到。管理中，對部屬承諾的時刻並不少見，有時是基於對方提出的需求，有時是你主動提供的支持。但往往說時容易做時難，要不就是你一忙忘記了，要不就是遇到了阻礙，沒法為其實現承諾。如果是這樣，他們對你的信任就會大打折扣，以後你再有什麼承諾，就只會聽聽而已。

比如，部屬要求升遷，你跟他承諾會幫他想辦法。但過了很久也沒什麼下文。部屬沒問，往往也是因為他已經將情況解讀為你沒有重視這件事。

如何更好的做到信守承諾呢？

首先，只許你能做到的承諾。對於你無法保證的事，不要一時興起全部攬下，而是告訴對方這件事的挑戰和各種可能性，並表示你會去試試看，但給不了他承諾。對於你當下就知道肯定兌現不了的事情，要直接告訴他做不到，並告知原因是什麼，這既可避免部屬抱有不切實際的期待，又能增加他對這件事的理解。

再者，給承諾時要配上時間期限。「我會幫你想辦法」這句話，在你作為承諾者看來，可能指的是一年，但在部屬的理解裡，他可能認為最多三個月。為避免部屬基於自己的理解盲目等待，你可以在承諾中加上預估時間。當然，最好給自己多一點時間，以防在兌現承諾的過程中遇到問題產生拖延。比如，「我會幫你想辦法，一個月後給你答覆」。

最後，對於沒做到的承諾要盡快告訴部屬。有時你覺得能做到，卻因為其他客觀原因做不成了，這時要即時、明確的告訴對方，你做了什麼，基於什麼原因做不到，以及後續還有沒有兌現承諾的可能性。

解決問題：解決問題指的是作為主管，你能幫助部屬解決其問題的能力。**在管理中，對主管的信任是建立在實力基礎上的。一個能為部屬遮風擋雨、解決困難的主管，可以快速的建立起對方對他的信任。**

這種能力體現在三個地方，如果你能擁有以下任何一點優勢，都可以達到加分效果。

• 專業能力：也可以理解為專業經驗，也就是說你的經驗足夠豐富，部屬遇到了專業問題，你能迅速給出解決辦法。

• 邏輯分析能力：部屬的問題不再是靠經驗就能搞定的，但你可以幫助他分析問題、啟發思路，最終找到解決方向。

• 資源協調能力：協助搞定部屬搞不定的人和資源，讓他在執行工作中不缺資源。

利他主義：以成就、幫助部屬為目的的價值觀。包括做出成績時不攬部屬的功，出現問題時不往他身上甩鍋；輔導、培養對方時不怕「教會徒弟餓死師傅」，而是傾囊相授；部屬遇到生活上挑戰時，也能花時間、花精力去提供幫助。

我曾經有一位主管，在我還是管理新手時，為了培養我，在他已經非常忙碌的情況下，還經常抽時間來輔導我，耐心的幫我逐字修改郵件；教我如何站在高層的角度，思考對方想知道的訊息，以利向長管彙報工作的過程中，更快達成一致並得到認可；旁聽我跟部屬的績效面談，會後給我詳細且有價值的反饋；他出去學習管理相關課程，也會提點我、教我應用……這些都增加了我對他的信賴和感激。

表達對部屬的信任

「信任他人」指的是採取行動表達對部屬的信任。要點有三：

委以責任：美國教育家布克．托利弗．華盛頓（Booker Taliaferro Washington）曾說過：「很少有什麼事物比讓一個人承擔責任，並給予他信任，更能幫助和培養他了。」

讓部屬承擔責任，尤其是需要花點力氣才能做到的任務，本身就是一種對他的信任。這種信任，是你雖然能夠預見，讓他承擔可能會有一定的出錯風險，但你仍然願意給他機會鍛鍊，也相信他有能力做好。並且，在部屬履行責任時，你會在他需要時在背後給他充分的支持，又不喧賓奪主。

預留容錯空間：信任是你既能欣賞部屬優秀的一面，也能接受他仍有不足的一面。部屬在工作中有一些小失誤時，不一定非要指出來給他看，而是要為對方留一些容錯空間。如果部屬主動表示自己做得不好，你可以讓他多看自己做得好的地方，對於失誤的小問題，則可以向其表示這不影響整體結果，也相信他未來能做好。

記得我在剛出大學校門的第一份工作裡，一上手就進步得很快。但有一回，我誤將客戶兩百個零件訂單，看成一百個，等到生產週期過了一半，才猛然發現這個問題。還記得自己當時手足無措的樣子，硬著頭皮去向經理承認錯誤、尋求幫助。原本以為他會教訓我，結果對方非但沒有，反而安慰我說：「沒事，經常下單，偶爾看錯很正常」，接著教我該如何補救。我十分佩服他，之後不僅沒再犯同樣的錯，還向他學到遇到問題時要沉著應對、靈活處理的態度。

適度袒露：信任建立在不怕暴露自身弱點的基礎上。總是高高在上、渾身盡是難以企及的光環的領導者，能得到部屬的敬畏，卻未必能得到信任。作為管理者，如果你能向部屬適度分享自己也有不足的地方，無論是工作上的挑戰，還是生活上的小缺點，都能迅速與他拉近關係，讓對方看到真實、可接近的你。當然，還要把握「適度」二字，過分袒露反而會讓部屬不知所措。

05 面對愛哭部屬

你正在忙碌的處理工作，突然接到了部屬的電話，他斷斷續續的說著，話還沒說完就哭了起來。你只好放下手頭的事，趕快安慰他。這不是第一次了，這位部屬總是在工作中遇到問題時忍不住哭泣，時不時在會議中掉眼淚，讓你感到十分無奈和尷尬，不知道該怎麼回應他的情緒。

面對愛哭的部屬，你可能會有以下三種常見的反應：

阻止對方哭泣：當部屬在工作中哭泣時，你可能會覺得他們太敏感或情緒不穩定，甚至認為這是一種軟弱的表現。你可能會對他們說「這點小事有什麼好哭的」、「你應該更堅強一些」。這種反應會使部屬感覺遭受否定、不被理解，認為你對他們的情感需求缺乏重視和關注。

不知所措：你也可能會感到困惑和無所適從，不知如何應對，或感到非常尷尬，只能採取勸慰的方式或避開這個問題，比如「別哭了，有什麼委屈你就說一說」。你會發現這種回應方式對部屬起不了什麼效果，他可能這回平覆了，但不久後又因為別的什麼事又感傷起來。

共情過度：你還可能會在部屬哭泣時感同身受，想要盡力安慰他們，甚至自己也忍不住和部屬一起難過起來。但是在一些情況下，過度的共情可能會增加部屬的壓力，因為他此時可能更需要清晰的指引和幫助，而不是過度的關注和安慰。與此同時，你也會因過度共情而影響了自己的工作狀態。

那麼，該如何有效的應對部屬的哭泣，幫助他們重新回到積極、平穩的狀態中？這時，需要善用同理心。

社會心理學家愛德華．鐵欽納（Edward B.Titchener）提出了同理心的概念，指的是人們透過想像自己處於他人的處境中，體驗和感知他人的情感和感受的能力。同理心被認為是個人與個人之間建立聯繫和溝通的基礎。

有時，你認為自己已經在用同理心來面對部屬的情緒波動，卻發現效果不大甚至適得其反，那這時你就得思考自己使用的，是不是「真正的同理心」。**真正的同理心，需要具備「真動機」和「真行動」**。

真動機：真正的同理心是出於對他人的關心和關注，而附帶條件的同理心則可能是為了達到某種目的而表現出來的。比如，如果你的目的是讓部屬盡快振作、把任務完成而展現同理心，「我能理解你的委屈，但當務之急是把任務趕出來」，部屬會敏感的意識到你的目的。

真行動：真正的同理心需要靠實際行動，而非只是口頭上表示關心。你只是說說而已，還是真心想幫助對方，部屬其實都能明確的分辨出來。

觀察與聆聽：透過觀察部屬的身體語言和面部表情，來了解他們正在經歷的情緒和感受。積極傾聽部屬的話，並以開放的姿態去理解他們的觀點和感受，不去評判或急於解決問題，允許他們花一些時間待在負面情緒裡。

比如，耐心傾聽部屬講述，用「嗯」、「然後呢」來表達自己願意了解更多，鼓勵他說下去，或是「想哭你就哭一會兒吧，沒關係的」，來讓他感受到他的負面情緒是被允許和接納的。

表達共情：「共情」是指透過理解他人的情感體驗，建立連結的能力。共情需要感受對方所處的情境和體驗，對他們的感受產生共鳴，從而使對方知道你理解並尊重他們的感受和處境，產生被看見的安全感，進而增加對你的信任感。

比如，當部屬描述他苦惱或低落的感受，可以用簡短的話語表達同理，「我了解你的感受」、「我能理解你的處境」、「如果發生在我身上，我也會覺得委屈」等。

此外，肢體語言也是表達共情的重要方式。例如，遞紙巾給部屬擦眼淚、輕拍他的肩膀等，可以讓對方感受到你的支持和鼓勵。

給予支持：情感宣泄的背後，總隱藏著訴求，幫助部屬解決問題才能真正幫助他走出負面情緒。傾聽部屬的表述後，可以給他方法、建議，也可以詢問部屬希望你能從什麼方面幫助他。

比如，使用啟發式提問：「你覺得發生一些什麼樣的變化，會讓你感覺好一些？」、「有什麼地方我能幫上忙的？」

如果你正確使用了以上方法，仍無法改變部屬的狀態，且越來越覺得自己被對方消耗掉精力，甚至自己的情緒和信心也跟著受影響，那就要換一種方式思考部屬宣泄情緒這件事了。

「情緒勒索」（Emotional Blackmail）是指一個人透過不斷哭鬧、發脾氣等負面情緒行為，試圖讓他人做出自己想要達成的事情或目標。

情緒勒索的成因可能出於人們自我為中心、低自尊、焦慮或對他人強烈的需要，也可能與家庭、教育環境有關。

情緒宣泄和情緒勒索都是人們表達情感的方式，但兩者有明顯的區別。情緒宣泄是指自發、真誠的表達自己的情感，透過傾訴來減輕自己的負擔和獲得心理支持，目的是讓自己感覺好一些。而情緒勒索則是指一方利用自己的情感表現，來達到某種目的，例如讓對方感到內疚或是透過情感表現來控制對方的行為，以獲取自己的利益。情緒勒索是一種不健康的溝通方式，會破壞人際關係，甚至導致情感傷害。

如何辨別你是不是在被部屬情緒勒索呢？可以從以下幾個面向來判斷。

- 對方的情緒反應是否過度。情緒勒索者往往會誇大自己的情緒反應，以此來迫使對方採取某種行動或做出某種決定。
- 對方的情緒是否總是圍繞著自己的需求展開。情緒勒索者往往把自己的需求擺在首位，而忽視他人的感受和需求。如果你覺得對方總是在為自己的需求爭取權益，而不關心你的感受，就需要注意情緒勒索的可能性。
- 對方是否經常使用威脅等手段。情緒勒索者可能會使用各種手段來達到自己的目的，比如威脅、給你施加壓力等，常見的有以「離職」為理由讓你不斷做出妥協。

・對方是否在不斷試探你的底線。情緒勒索者通常會不斷試探對方的底線，以此來獲取更多的權益。

如果你識別出部屬是在對你情緒勒索，就不要過度陷入同理心了，請理性的處理這種狀況。

不要讓情緒勒索影響判斷：在處理部屬的情緒問題時，需保持客觀、冷靜的態度，盡可能了解事實情況，找到問題所在。

建立良好的溝通和信任基礎：在與部屬的交流中，表達出自己的關心和理解，建立起彼此的信任關係，不要讓他的負面情緒升級。

尋找解決方案：一旦確認了問題的真實性，就需要尋找解決方案。這個方案需要考慮到部屬的情感需求，同時也要符合組織利益和規定。最好與部屬一起討論，盡可能給予支持和幫助。

堅持原則：在處理部屬的情緒問題時，需要堅持原則，根據實際情況做出適當的讓步和調整，但不能縱容他的情緒勒索行為，否則可能會導致其形成不良習慣。

做好紀錄：在處理部屬的情緒問題時，即時做好紀錄，包括對話內容、解決方案等，以備日後需要查閱。同時也需要與部屬保持良好的溝通，隨時了解他們的情況，盡快解決問題。

06 團隊鬧內鬨

作為一位ＨＲ（Human Resource，人力資源，以下簡稱ＨＲ），每當公司有員工離職時，我都會與他們進行離職訪談。有一次，我跟一位在公司待了五年，表現也一直不錯的員工談心。

沒怎麼做鋪墊引導，員工就滔滔不絕的說起他的委屈，像是終於有人肯傾聽他的苦惱。原來，他之所以離職，是因為和一個同部門同事起了衝突。他們兩人過去私交不錯，後來因為對一些事情的觀念不同，突然對立了起來。

這位同事有次藉著某件事由，去找主管告他的狀，結果主管也沒向他問清事實，就判定他有錯。

朋友反目，主管又錯怪，他既委屈又生氣，覺得這個團隊待不下去了，於是選擇了離職。

如果這位主管當時能適當的介入，也許這位員工就不會離職。但是，從管理者的角度上看，完成團隊績效目標，對上負責，對下領導，已經身兼數職、焦頭爛額了，再加上要處理部屬衝突這種吃力不討好的事，更是讓管理者不知從何下手。

回顧過往，當你遇到部屬間起衝突時，是否也經常如此處理？

事事當法官

如果你把處理部屬間鬧矛盾當成了你的責任，就可能會成為部屬衝突情況的解決者，代替他們判斷誰對誰錯。無論聽到風吹草動還是親眼所見，只要發現部屬間的「化學反應」有異樣，你就會不由自主的衝上前去當法官。久而久之，你的部屬們也習慣了，遇到點事就要找你評理。

所有部屬間的衝突你都出面解決，雖然是出於作為領導的責任感，但有時反而會將原本不大的事無限上綱，讓衝突擴大，如果處理不當，還容易使部屬的矛頭轉向你。

這很像我在養育兩個女兒時的經歷，她們不可避免的會發生一些衝突。有一段時間，我發現自己陷入一個奇怪的狀態：她們一有不對勁，我便能敏感的覺察到，然後像是見不得孩子關係出現問題似的，無論她們有沒有尋求我的介入，我都主動干預調停、講道理，試圖讓她們和好。

但與初衷相悖的是，本來一點點小事，往往會在我介入後，變得嚴重，甚至使姊妹兩人更委屈，吵著要我主持公道。

後來，再發生衝突時，我嘗試按捺住自己想要介入的心，不到必要時刻不主動出手。這樣做的結果是，她們雖然也吵也鬧，但大部分時候都能自行和好。**原來，不干預、順其自然也是一種方法。**

期待對方自己解決問題

你也可能因為種種原因選擇迴避部屬間的衝突，希望於他們能自行解決。

沒有意識到問題的嚴重性：你可能認為問題並不嚴重，或者沒有注意到問題的存在，覺得這可以自行緩解，無須過多的干預。

對衝突的恐懼：你害怕介入會讓矛盾更加惡化，或者擔心自己無法處理好部屬間的爭吵。

不希望偏袒任何一方：你可能對處理衝突沒有信心，擔心最終偏袒某一方而產生負面影響。因此，你寧願選擇迴避，以免讓情況變得更加麻煩，或讓另一方感覺受到不公正的待遇。

缺乏時間和資源：有時候你必須應對其他緊急事務，導致無法投入時間去判斷衝突並採取行動，從而把處理這個問題放在了後面。

然而，對於一些靠部屬自身難以消化掉的衝突，沒有你的有力干預，它很可能會變得更嚴重，這樣不但會對工作進展和效果產生影響，甚至使其發展成嚴重的紛爭。

同時，衝突還有可能在團隊中慢慢發酵。如果團隊其他成員意識到你並不想干預，他們也就不會主動與你分享他們在某事件中所了解到的訊息。而你，就會變成當衝突不可收拾時，那個最後知後覺的人。

用錯誤的方法介入衝突

還有些時候，你主動介入，卻遇上了挑戰。

未找到根本問題：你可能沒有即時找到根本問題，或者忽略了一些關鍵訊息，過早做了不夠合理的判斷，所以沒能真正解決問題。

缺乏技能：你可能欠缺足夠的交際和談判技能，不知如何平衡利益和情感，因此難以找到有效的解決方案。

立場不中立：你可能因為更了解其中某位部屬的為人或工作方式，而不自覺的偏向了他，導致另一方對解決方式不滿意。

就像文章一開頭那個離職員工一樣，面對你的干預不當，員工的工作積極性會受到影響，信任度降低，甚至因此離職。

這麼說，真是干預也不是，不干預也不是。為了先弄清楚什麼情況你該介入，什麼情況暫時不需要，我以左頁圖2-4的四象限模型來做區分。

該模型以「衝突雙方的成熟度」和「衝突激化度」為考慮條件，組成四種不同情況，來判斷應以何種方式介入。

「員工成熟度」指的是發生衝突的部屬，在工作能力和為人處世上的成熟程度，依靠這一條件可以綜合判斷他是否有能力在衝突下，依然維持工作品質。

「衝突激化度」指衝突的發展程度，既包含雙方受到影響的程度，也包括對團隊其他人或事務受波及的影響程度。

員工成熟度高、衝突激化度低，可以不干預，因為部屬有能力、有方法即時化解問題，且不影響雙方後續關係和工作進展。

員工成熟度高、衝突激化度高，可以事先干預。透過詢問發生衝突的雙方，是需要你的介入，還是他們能自行解決，來決定你是否要協助調解。若部屬認為不需要，就退後觀其變，再視解決效果決定後續動作。

如果衝突雙方成熟度低、衝突激化度低，推薦以稍微介入的方式「弱干預」處理即可。在和這兩名部屬一對一談話中，分別了解雙方對事件的看法和狀態，給予他們解決問題的建議，幫助其調整心態。

若部屬成熟度低、衝突激化度高，則需

▼ 圖2-4　員工衝突干預四象限模型

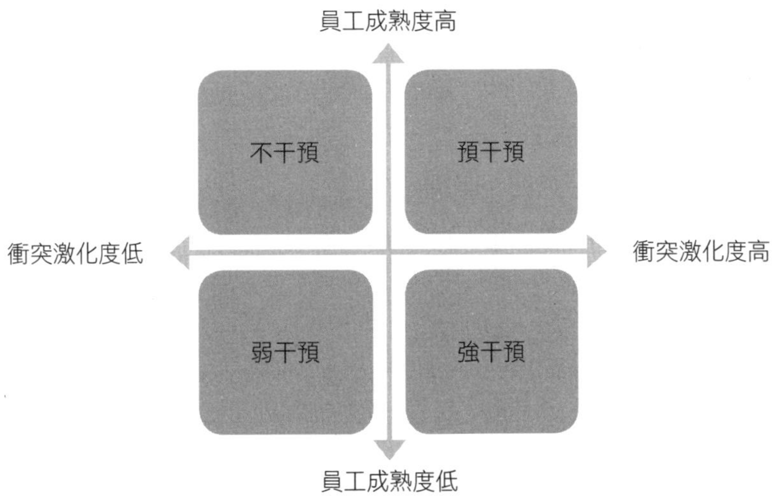

要強而有力的即時介入。而無論哪種程度的介入，都離不開保障最終解決問題效果的干預原則。

公正：致力於公正處理，不偏袒任何一方，不因個人喜好或感情而抉擇。

客觀：進行干預之前，充分傾聽和了解雙方的情況和不滿，如有必要，同時透過其他管道收集資訊，找出真相，確定問題的根源。

尊重：尊重部屬的風格、情緒、觀點和價值觀，不一味指責或否定他們。

建立共識：鼓勵部屬提出解決矛盾和衝突的方案和意見，以便所有參與方能夠在建立共識的基礎上就矛盾和解達成一致。

最後，針對強而有力的介入方法，推薦以下三個步驟來幫助部屬解決衝突。

一、**了解情況**：很多時候，部屬發生爭執時你並不在現場，那麼在介入解決衝突前，需要先了解事情發生的背景、情況，做到兼聽則明。可以找到當時在現場的同事，或跟部屬關係比較要好的同事，掌握訊息，包括事件的來龍去脈、他們認為產生矛盾的原因、當事人目前的狀態等，以選擇更好的處理方式，並綜合各方面的因素來解決問題。

二、**共同澄清**：在收集了一定情報之後，邀請衝突雙方一起來澄清事情的發展過程，彼此的矛盾觀點，以及在過程中對對方行為的揣測和想法。為什麼建議邀請雙方一同進行？一方面是為了提高雙方的溝通效率，不需要來回傳話；另一方面，也是更重要的原因，即**澄清的過程本身就是一個加強雙方理解、增進和解可能性的過程**。

三、**界定問題類型**：透過澄清過程中的分析與判斷，你可以更精準的理解和界定問題，並評估部屬之間的衝突。彼此間的矛盾，不外乎是以下幾種類型。

- 合作型：雙方一起合作完成某項工作，因不同的工作方法、行事風格產生不合。
- 競爭型：雙方存在競爭關係。比如同是銷售經理，因市場資源的爭搶而發生衝突。
- 獨立型：既無合作關係也無競爭關係，可能是同事型朋友，或不太有交集的獨立個體，基於某個偶發事件因為價值觀、性格、溝通風格的不同因此不合。

啟發方案：經過以上說明的三個步驟，在你的引導下，部屬各自傾訴了觀點，建立了一定和解的基礎，你也對衝突類型有了判斷。這時，就可以啟發他們向前看，思考解決方案。比如，如果是合作型問題，就啟發他們關注共同的工作目標，請他們思考何種配合方式有助於達成目標；如果是競爭型問題，就引導他們建立公平機會的規則；如果是獨立型問題，就推動他們使用適合對方的溝通方式。

達成共識：當認識和觀點在上述步驟下變得清晰、明確，你需要引導和促進雙方達成共識，而不是僅依靠你自上而下的要求。你可以請雙方針對方案做出一個願意嘗試的承諾，或者請他們確認回去後要做的第一個行動是什麼。

創造機會：如果上述幾個步驟不能完全解決問題，你還可以為雙方創造更多的互動機會，在過程中多起到潤滑、促進理解的作用，以加強雙方之間的關係並彌合分歧。

07 道歉的技術

這天早晨，上班時間已經過了一個多小時，部屬小李才姍姍來遲。你平時最不喜歡別人無故遲到，便嚴肅的指責他不守時。小李先是愣了一下，接著連忙解釋自己昨晚加班到深夜，今天實在起不來。你雖然沒料到有這個原因在，但剛剛的火氣還沒消去，就繼續責備他，無論什麼原因，都應該提前告訴你。小李沒再說什麼，你以為他認知到錯誤，可當你回到座位拿起手機，卻發現小李一早就發訊息給你，只是你一直在忙沒有看到。

類似這樣誤解部屬的情景還有很多。例如，你有些不耐煩的再次指出部屬修改了多次文案中的問題，結果他告訴你就是按照你上一次的要求這麼修改的，你才想起原來真的是這麼回事。

再比如，部屬只犯了一點小錯，你就不斷的批評，在他委屈的走開後，才開始意識到，其實你只是在剛才的會議上受了氣，正好發在無辜的對方身上。

誤解部屬的兩大原因

雖然你很想做一個時刻保持冷靜的主管，但你卻發現，自己總是無法避免在日常管理中出現誤判、誤會部屬的尷尬情形。這種情況大部分都源自以下兩點原因：

認知偏誤：指的是當你在處理訊息或問題時，由於受到個人經驗、情感、偏見等因素的干擾，產生了某些不符合客觀事實的判斷，或偏頗的認知內容。認知偏誤可能會影響你思考的準確度，引發你不理智的判斷和決策。

在和部屬共事的過程中，有三種認知偏誤需要多加留意。

第一，訊息不對稱，也就是在沒有了解事情全貌的情況下急於下判斷。

第二，對某些事情的判斷存在思維定式。比如，當遇到部屬提出不同意見時，你的第一反應就是認為他不配合工作。

第三，歸因偏見，指的是傾向於把自己的錯誤或失敗，歸因於外部原因，而把他人的錯誤或失敗歸因於內部原因。比如，當你遲到的時候，認為是交通太擁擠，因為你已經盡早出門了，情有可原。但當部屬遲到時，你會認為這是因為他守時的態度有問題。

壓力轉移：你是否有過上了一天班，回到家對孩子發脾氣的經驗？當你冷靜下來後，會發現孩子並沒有做出什麼無理取鬧的事，你之所以發脾氣，也不是因為他犯了多大的錯，而是你的能量耗盡，或把白天的負面情緒帶回家了，正好發泄在孩子身上。同樣的情況，也可能發生在你和部屬之間。尤其作為中階主管，向上交代報告，向下帶隊執行，還要跟各部門、合作夥伴、打交道，處理難搞的問題也是家常便飯，壓力之大可想而知。當有了壓力，卻沒有合適的方式緩解、釋放時，就很容易將負面情緒轉移到與你密切配合的部屬身上，在情緒影響下失去判斷力，從而對部屬造成了負面影響。

而當你錯怪部屬後，往往會出現以下三種不當的應對方式：

- 不了了之。也許因為不好意思面對，也許認為不必小題大作，部屬不作聲，有時你也就當誤解沒發生過，不再提了。
- 自我辯護。雖然知道錯在自己，但礙於面子，還是不想向部屬低頭，而是選擇為自己的行為辯解，試圖找其他跟自己無關的理由讓部屬認同。例如：「我之所以這樣，是因為採購部的李經理……」
- 糖衣砲彈式道歉。認知到自己有部分失誤，但覺得歸根究柢還是部屬應該承擔問題的責任。於是表面上致歉，但說著說著又轉回到了對他的期望。例如：「剛才我是急躁了一些，不過你也不該不跟我確認一下，就把郵件發出去，下回注意。」

這些處理方式，雖然讓當下的尷尬過去了，但是卻有可能留下後患，尤其是當多次這樣處理對部屬的誤解，會導致：

- 損傷信任關係，造成和部屬間的隔閡。
- 影響對方的工作積極性。

・挫傷你在團隊中的威信。

六步驟挽回誤解

那麼，該怎麼做才能在錯怪部屬的情況下，更有效的挽回關係和尷尬的局面呢？我們可以透過以下六步驟模型，來扭轉局面（見圖2-5）。

抓準時機：一般來說，最好能在意識到誤解的第一時間就跟對方道歉，但有時也要觀察他當時的狀態。如果部屬正在氣頭上，最好等你們雙方都平靜一些，再找一個就近的時間和他溝通。不要拖得太久，越久你越難開口，他對你的怨念越深。明明起因是件小事，問題卻可能因為時間拖得太長，在團隊裡發酵。

分清場合：如果是和部屬在只有你們兩人在場的情況下產生了誤解，那就跟他單獨交談致歉。如果是在團隊其他同事也在場的情況下，建議先跟部

▼ 圖2-5　挽回誤解六步驟模型

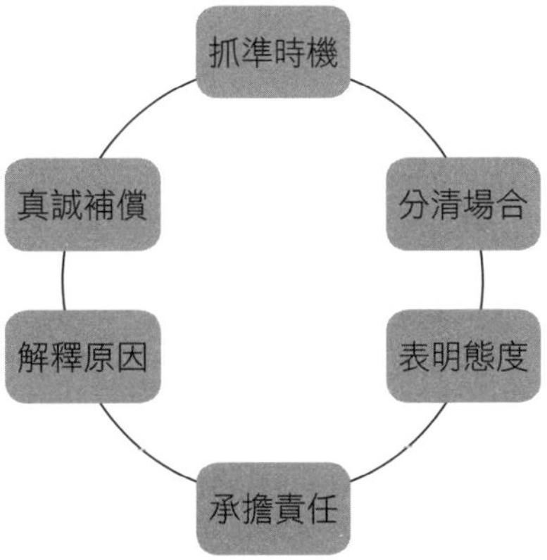

屬私下致歉，得到他的諒解，之後在就近的團隊會議上解釋此事，表達你歉意的態度。為什麼要在團隊中再提起此事呢？一是為了部屬，二是為了你自己。對部屬而言，這是為了挽回他在團隊中的顏面，讓大家知道客觀的事實，而不是只有部屬本人知道，其他同事還誤會他。對你自己，是挽回你在團隊中的威信，透過表明不怕承認錯誤來讓團隊更信賴你。

表明態度：向部屬表示誠懇的道歉，因為只有真正的道歉，才能贏得對方的諒解。你的態度是否誠懇，對方能敏銳的感受到，不誠懇的道歉猶如雪上加霜，而真心的道歉，不光能解決當下的誤解，還能進一步增進你們的信任關係。

承擔責任：向部屬道歉時，要能夠表明自己願意承擔責任，為其掃清障礙，尋求對方的諒解。比如，像前文所說，在團隊會議上為部屬正名，就是一種承擔責任的積極表現。

解釋原因：向對方道歉時，不是單純的說「對不起」就可以，而是需要解釋自己錯怪他的原因，當時的處境和背景，以及你當時的需求。要注意這些解釋最好規避辯解式和糖衣砲彈式道歉，並以客觀、理性的方式陳述，為的是讓部屬理解發生這件事的來龍去脈，增加其對你的諒解程度，讓他更容易接受你的道歉。

真誠補償：向部屬道歉後，最好再採取一些措施來彌補對其心理上造成的影響，也將這些補償措施作為拉近你們關係的機會。比如，一張你手寫的小卡片、一個小禮物、一杯奶茶，一些對他在工作上和生活上的關心和支持，都能讓部屬感受到你是在真誠的表達歉意，相信他也會用真誠與理解回應你。

08 當部屬對你發牢騷

作為管理者，你不僅要關注團隊管理和業務的推動、發展，還需要經常面對部屬各式各樣的狀況。

他們會時不時對你發牢騷，這些抱怨和不滿，可能和工作任務、同事關係有關，也可能是福利待遇等各方面的問題。在你看來，有些確實有改進空間，有些是你也為難的制度問題，還有些是源於部屬的片面理解。

面對這些抱怨，你也疲於應對，不免會處理得不夠完美。

小事化無：你可能會認為部屬的抱怨只是小問題，他未免太小題大作了，於是沒太當回事，沒怎麼認真聽部屬的表述，轉頭也就忘記了。

缺乏行動：你當時可能也覺得部屬不滿的這件事，確實是個需要解決的問題，但因為它不夠緊急，你還有更重要的工作要處理，就擱置下來，一直沒有採取行動解決問題。

過度共情：你可能覺得部屬抱怨的這件事也正是你不滿意的，於是跟對方一起抱怨起來，忘記自己作為管理者需要積極引導的任務。

抵觸抗拒：有時，部屬抱怨的事情和你息息相關，不免會讓你把他的抱怨視為對自己的批評和指責，而對方又無法站在你的角度理解你面對的挑戰，因此失望又生氣，於是採取了措辭強硬、咄咄逼人的方式來回應。

然而，**雖然抱怨不好聽，作為管理者卻需要認知到，部屬的抱怨實際上是一種溝通方式，他們透過抱怨向你表達他們的需求和問題**。如果你關上了傾聽的大門，不即時疏導、解決，長期累積的話，會影響其工作積極度和效率，甚至一些沒有引起重視的關鍵問題，會影響整個團隊的凝聚力和工作結果。

要有效的應對部屬的抱怨並不是一件容易的事，需要有針對性的對他們產生積極的影響。我將愛發牢騷的部屬，分成了以下幾種類型，建議你對他們採取不同的應對策略。

表面抱怨者：這種部屬對工作整體上是滿意的，通常只是抱怨一下，然後就會自行消化，其抱怨不會對工作造成實質性的影響。他們抱怨的內容通常比較瑣碎和個人化，不涉及團隊或者公司整體利益。

例如，部屬會在同事或你的面前偶爾流露出對公司的福利待遇的不滿，但他只是發發牢騷，排遣一下，就不再關注這個問題，既不會影響工作積極性，也不會嚴重到要跳槽。

任何人在工作中都不可能沒有絲毫的不滿意，有時需要透過抱怨的方式來發泄自己的負面情緒或壓力。這種情況，推薦你以傾聽為主，不需要特意糾正。

有建設性的抱怨者：這種部屬抱怨時不僅會提出問題，還會提出自己的建議和想法，希望能改善當前的工作環境或流程。他們的抱怨不僅是為了發牢騷，也是出於對工作的熱愛和對團隊的關心，希望能促進工作的改善和發展。

職場中不缺乏批評者，缺乏的是建設者。這種有建設性的部屬是受歡迎的抱怨者，如果你能夠友好的接收這份抱怨，可以將抱怨轉化為動力。尤其是當他提出的問題確實是團隊中值得改進的地方，既然他有思考、有建議，不妨鼓勵其主動承擔解決問題的職責。

向他提供所需的資源和支持，啟發其思路的全面性和落地性，幫助他把建議變成現實。下次當他再次遇到不滿意的事時，部屬不僅願意帶著建設性意見來找你，還會從原先的抱怨者轉變為積極的人。

消極抱怨者：這種部屬是團隊中最多，也是最讓你無可奈何的。他們會對工作的某個或某幾個特定方面產生消極抱怨，但也僅停留在抱怨的層面上，缺乏建設性的意見和建議。他們的抱怨不光會影響自己工作的積極度，還會影響團隊的凝聚力和工作氛圍。

當你聽到他們抱怨的事時，會覺得不被理解，因為他們只站在自己的角度去看待問題，並沒有看到你或者團隊其他成員，在這件事情上付出的努力或者需要權衡的利弊。

例如，部屬抱怨團隊的某個決策對他有不利影響，但其實是在現有條件下能顧及大多數人利益的最佳選擇。當你試圖解釋，尋求他的理解時，他卻不以為然，好像這件事情原本就不難。

遇到這種情況，要先反思，在一些關係到員工切身利益的決策過程中，是否只是上而下的要求員工執行。這就要談到一個重要的管理理念──參與管理。

「參與管理」主張將員工視為組織決策的重要參與者，透過讓員工參與到與之相關的決策和各級管理事務中，提高員工的責任感、工作滿意度和工作動力，從而提高組織的績效和競爭力。

參與管理的核心要素是員工參與，讓員工參與決策和規畫，使員工對組織的決策和目標產生歸屬感和參與感。員工參與可以透過各種形式實現，如參與決策、參與制定目標和計畫、參與團隊問題的解決等。

簡單來說，就是將部屬從船下拉到船上，讓他和你成為一艘船上的人。在決策過程中，要求他們的投入度，鼓勵他們參與，分析每種方案的優勢和劣勢，對最終的選定方案達成一致，並認同選定方案的不足之處和選擇的必要性。

只有這樣，部屬才不會站在一個審視者的角色抱怨決策，而是作為建設者維護決策的有效性，並對未來探尋更有效的解決思路，保持開放的心態和積極性。

全面抱怨者：這種部屬不僅經常抱怨，而且抱怨的內容涉及不同層面，從個人問題、團隊問題，到公司問題，好像沒有任何一件事情能讓他們滿意。他們的抱怨會持續不斷，不僅影響他們自己的工作積極性和工作效率，還會對團隊和公司造成消極的影響。

面對這種抱怨者，以下幾種對策非常重要。

- **了解他們的日常狀態。**

他們往往存在情緒不穩定、缺乏自信、需要得到認可等問題。在與這種類型的部屬溝通時，既要有充分的耐心，盡可能聽取其抱怨，理解他們的情緒和訴求，又要保持清晰的判斷，不讓他們認為你在認同他們的抱怨。

- **適時給予這些部屬一些指導和建議，讓他們從問題中找到解決方法。**

例如，你可以啟發他們多去思考問題產生的原因，或者幫助他們釐清事情的邏輯，從而更好的找到解決問題的方法。同時，你也可以幫助他們建立更加積極的心態，教他們如何面對問題和壓力，讓他們更加樂觀的看待工作和生活。

- **同步關注抱怨者實際表現，檢視是否真的存在問題或誤解。**

如果存在問題，你需要採取措施即時解決；如果是誤解，也需要即時給予解釋和說明，消除誤解。這樣不僅能讓抱怨者感到被重視和被尊重，同時也能有效的解決問題，避免事情進一步惡化。

- **同步考慮團隊利益，避免負面情緒對工作氛圍和效率造成影響**

如果你已經成功的做到了以上四點，部屬還是不能調整自我，繼續流露出他的不滿情緒，你就需要向他表明你的態度和原則，告知對方持續抱怨會影響其個人職業發展和團隊的工作效率，提醒他保持積極的態度是作為團隊成員的重要價值觀。

09 遇到自己也不會的問題

作為市場部經理，你接到了一項任務，要在兩週內向市場成功推廣一款新產品。你很興奮，認為自己有足夠的經驗，可以帶領團隊完美的完成這個任務。

然而，一天天過去，你發現目標受眾對這款產品的需求並不強烈，而且已有其他競爭對手推出了類似的產品，市場競爭十分激烈。各種過去曾用過的成功策略都不奏效，難以區分你們的新產品和市場上的競品、形成賣點。

看著團隊向你投來殷切的眼神，你覺得自己很沒用，焦慮和無助感襲來，既因為可能完成不了這項任務而焦急，又擔心會影響自己在部屬間的威信。

你不想向其他同事和主管求助，又不願向部屬示弱。一向對自己的專業非常自信的你，怕求助或示弱會顯示出自己的無能和不足。

管理工作中，這種會讓你產生自我懷疑的情景並不少見。新技術、市場、競爭對手湧現的速度不斷加快，變化、不確定性和商業模式的創新，讓工作遇上的挑戰越變越多，也使你無法像過去那樣，單靠經驗、知識和閱歷，就有辦法解決問題。

如果你過去一直扮演的角色，都是團隊中的意見領袖，那麼當一次又一次碰到這種自己也沒轍的場面，會讓你更加難受。這是因為，你被社會認同感捆住了手腳。

優秀的問題解決能力，使你不斷贏得部屬的正向回饋，建立起你的自我認同，認為解決問題是你贏得部屬認同、獲取威信的最佳方式。然而，當「解決問題」這個源頭在充滿變化和挑戰的外在環境干預下被破壞，你的自我效能感會變弱，對自己能力的信心和預期也會隨之降低，從而產生一系列無助、逃避、焦慮的負面情緒。

問題就出在這個源頭——「對依靠自我解決團隊問題」的高度期許上。這種高度期許既成就了團隊，即依靠你的個人能力將團隊帶上了一個臺階，也成了團隊的天花板，意即你成了團隊最厲害的人，那麼部屬能力的提升空間就有限了。

比爾．喬伊納（Bill Joiner）和斯蒂芬．約瑟夫斯（Stephen Josephs）在其著作《領導力階梯》（*Leadership Agility*）中，將能夠高效利用內外部關係，來預測快速變化的情況並加以應對的領導者，稱為敏捷領導者，其具備的領導力分為五個不同層次，分別是：

專家：認為領導者因其權威和專業，得到其他人的尊重和跟隨。往往比較堅持自己的意見，較少向他人尋求反饋，容易沉浸在自己的工作細節中而忽略戰略性的領導工作。

實幹家：認為領導者應透過具有挑戰性的目標來激勵他人。通常比較獨斷，努力為自己的看法尋求支持。

促進改變者：認為領導者應該透過鼓舞人心的願景，將合適的人聚集起來，為實現願景而努力。會授權給他人，能從多樣化觀點中學習，提供並尋求難題的公開交流機會。

共創者：認為領導者的終極目標是為他人服務。在關鍵對話中能夠靈活的運用獨斷與遷就的風格，接納負面反饋，在實踐中主動邀請團隊的參與，採取共識決策法。

協同者：認為領導者需要幫助他人實現人生目標，並在幫助他人的同時實現個人轉型。這種領導者能夠在不同的領導力風格間切換自如，能夠在一些情景下增強他人的動力、能量從而帶來互利的結果。

在以上五個層次中，可以看出，前兩位專家和實幹家，是更偏向依靠自我能力解決團隊問題的個人導向型。從促進改變者開始，由以個人、目標為重心，逐漸向以團隊、互利為重心轉變，偏向於團隊導向型。這五個層次不是非此即彼或有優劣之分的關係，而是在領導者的工作中，根據不同的情境，有意識的選擇不同表現方式來達到最優的效果。

作為優秀的管理者，有些時候需要你調用的，是專家和實幹家身分，但面對充滿變化、日益複雜的不確定型挑戰時，需要你更多的調用促進改變者、共創者，甚至是協同者身分，來借助資源激發團隊能量。這將使你更能夠突破對問題的認知，達到共贏效果，同時建立管理威信。

作為領導者，要發揮團隊的創新、思考和解決問題的能力，而不是將自己變成一個解決問題的專家。以下五個方面的建議，能幫助你做出從解決問題的專家，到促進團隊解決問題的轉變，從而更從容的面對日益增多的不確定性挑戰。

覺察自己對團隊的影響

時刻關注自己的言行舉止是否干擾或限制團隊。盡可能的減少干涉部屬思考過程的行為，在表達觀點時，先聽取對方的意見，給予足夠的空間和時間讓他們自己思考和解決問題，提高其信心和自主性。

當遇到明知答案，部屬卻還摸不著頭緒的問題時，提醒自己的角色是輔助團隊成長，而不是成為解決問題的唯一專家，要意識自己的過度干預會限制部屬的思維和創新能力，使其養成在決策中過於依賴你意見的習慣。

盡量避免直接告訴對方應該怎麼做，而是給予其充分的支持和資源，並讓他們在可控的範圍內自主決策。

鼓勵提出反饋意見

接納反饋是領導者成長的關鍵助力之一。自己的專業意見得到部屬的一致支持，自然是很受用的，但久而久之，你容易分辨不清，大家是真的認為你的意見好，還是不敢或不願說出自己的想法。

因此，當你表達了自己的意見後，不要把它直接當成決策，用封閉式提問「大家沒什麼意見吧？」來關閉部屬反饋的管道，而是這樣表達：「這是我的一點初步設想，作為拋磚引玉，大家能分別說說你們各自的想法嗎？」以此鼓勵部屬提供反饋意見。

當有部屬提出對你見解的不同看法時，不把它當作是對你意見的反對，而是看作為其打開思路的好機會，耐心傾聽他的想法，認真記錄，詢問他的看法。對於優於你的想法的地方明確肯定、果斷啟用，這樣做能大大激勵團隊形成開放的交流氛圍。

適時示弱

適時示弱是一種信任部屬的表現。你不需要是團隊中十項全能的選手，對自己不擅長的領域，或沒搞清楚的問題，完全可以適時的展示自己的弱點和不足，這樣既可以讓部屬感受到你人性化的一面，更容易與你建立互信關係，同時，又將他們從被動的指令接受者轉變為想辦法的人。你可以告訴他們：「我不是這領域的專家，在這個領域，我更相信你的經驗和見解。你怎麼考慮這個問題呢？」

善用團隊教練模型

「團隊教練模型」是一種以發掘和提高成員能力、潛力和效能為目的的方法。管理者可以透過此方法，帶領團隊共同進行決策，激發每個人的創造力和問題解決能力，同時增強成員間的協作能力和團隊的整體效能感。

「CLEAR模型」是一種經典、好用的團隊教練模型，可以應用在團隊工作中，由管理者作為引導者來組織大家共創方案。

C：訂約（Contracting）

- 今天我們要解決什麼問題？
- 要達成什麼樣的目標？
- 在開始討論前，我們可以制定哪些約定來促進目標的達成？

L：傾聽（Listening）

- 針對要解決的問題，每一位成員有什麼觀點？
- 有哪些期待？
- 有什麼擔心？

E：探索（Exploring）

- 繼續向前推進的話，我們可以從哪裡做起？
- 需要具備哪些條件、要素，才能把計畫完成？

A：行動（Action）

- 具體要做哪些事？

・由誰來做？分別做什麼？
・何時開始，何時交付？
・需要哪些支持？

R：回顧（Review）

・如果來復盤今天的共創過程，我們做得好的地方是哪裡？
・下次有哪些地方可以做得更好？
・每個人各自的收穫是什麼？

引入外部資源，提升團隊能力

你還可以引入一些外部資源，例如諮詢公司或培訓機構，來幫助團隊提升創新和問題解決能力。這些資源可以提供新的視角和思維工具，幫助團隊解決複雜的問題。與此同時，這也是一種拓展你思路、視野的好方法。

10 你不問，他不會主動找你

管理團隊時，最讓人頭疼的問題之一，就是部屬不主動向你彙報工作進度。你只有常常追問，才能獲得一些資訊；不問，他們就不會主動找你。

這種情況往往會讓你感到十分失控，因為你不知道對方在做什麼，不確定交代給他的任務，是否正在有序的推進中。有時，當你追問才知道任務延宕了；或者，等你得知工作進展時，才發現已偏離了方向。不能即時獲得部屬的彙報，不僅會影響工作效率和質量，無法立刻發現問題、提供支持，也會使你質疑部屬的工作積極性和責任心，從而影響你們之間的信任關係。

你可能會採取時不時追問的方式，或者是更強硬的手段，如試圖透過命令和要求來改變部屬的行為，但這種方法往往效果不彰，反而發現令其更抗拒了。那麼，怎樣做才能讓他們自動自發的向你彙報進度？

不願、不知、不會彙報

在討論具體方法前，先得分析一下部屬不主動彙報的三個原因：不願、不會、不知。

不願：

- 不喜歡彙報工作：認為把工作做好就行了，彙報是繁瑣的形式化動作，浪費時間。
- 工作繁忙壓力大：處理日常工作、各種項目就要加班才能完成，空不出時間、精力彙報。
- 缺乏工作動力：沒有明確的職涯規畫和發展方向，或者對當前的工作缺乏認同感，導致不知道自己的工作有何意義和價值，所以沒有彙報工作的動力。
- 擔心受挫／迴避批評：現在的工作有地方做得不夠好，怕被你指出來。抑或你本身比較嚴格、挑剔，使部屬一想起彙報工作就壓力很大。
- 自我保護：部屬找過你幾次，但你因為正在忙其他工作就擱置了彙報，部屬覺得你不重視他和他的工作，為保護自尊而暗自賭氣，不再積極主動向你彙報。

不會：

- 溝通表達能力不足。
- 無法掌握高效彙報的技巧。

不知：

- 認為自己做的都是主管知曉的日常工作，不知道能有什麼值得拿出來彙報的。

- 不了解彙報的重要性和價值。
- 不知道主管期待自己即時彙報工作，以為對方不問就是不需要。
- 不知道在什麼情況下，應該跟主管彙報。

激發意願、輔導彙報、達成共識

了解原因後，就不難得出結論，要使部屬按你的期待即時報告工作進展，就需要看他是不願、不會還是不知，從而相對應的從激發意願、輔導彙報、達成共識三個角度來影響部屬。

激發意願：首先，「認可行為」很重要。**當一個人的行為或想法被他人認可時，這個人會獲得自我肯定感，從而覺得自己的行為被周圍環境接受，就更容易繼續保持這種行為或想法。**這在心理學中被稱為「認可原理」，指的是人們傾向於遵循他人的行為、意見和態度，尤其是有權威和專業性的人。

如果你希望部屬能即時向你彙報工作，就在他做出這種行動時，即刻的回應他、認可他。**這裡不是認可他的彙報內容，而是認可他報告的這個動作。**

彙報不是非要坐在會議室裡一本正經的對著ＰＰＴ演講，非正式的且簡短的工作進展更新、問題確認，也非常常見和必要。

比如，部屬只是在你迎面走來的時候，臨時跟你說了一聲：「主管，上週說的和客戶簽合約的事，最晚明天就該走完流程了，一切都挺順利的。」

這時，如果你只是輕描淡寫的回一句：「好的，我知道了」，那麼對一個平時不怎麼積極彙報工作的部屬來說，他很可能會有兩種解讀。第一，這件事對你來說不重要，不知道也沒什麼關係。第二，你對他的工作過程不感興趣，知道結果就可以。對部屬自身來說，他做的每件工作都是重要的，哪怕是簡單的工作也有具有挑戰的地方，甚至有些工作本身就有難度。而一個封閉式的「我知道了」的回答，就宣告了「可以了，我對其他不感興趣」，這樣，他彙報工作的積極度就會大為下降。

所以，為了激發員工回應，需要「三連擊」：表示感謝、說出價值、顯示興趣。

- 表示感謝：「小李，謝謝你告訴我。」
- 說出價值：「能推進得這麼快真是太好了，這樣我們就有機會在下個月月底提前完成，為今年畫上完美的句號了！」
- 顯示興趣：「這個客戶可不好談，我想了解一下你是怎麼推進得這麼快的，能不能約個會議，詳細跟我說說過程？」

接著，提出「鼓勵內容」。如果部屬每回跟你彙報時，你都忍不住為他挑出各種各樣的毛病，從細節到框架，從數據到觀點，總是各種不滿意，那麼彙報這件事對部屬來說一定不是一種激勵，而是懲罰。他不僅會感到壓力倍增、懷疑自己的能力，還可能失去對你的信任和尊重。

你可能原本想的是「嚴師出高徒」，希望他越挫越勇。但越挫越勇的部屬，通常需要他對

「勇」的這件事產生強烈的動力，才能在壓力較大的環境下更有鬥志和創造力。**對於對彙報這事既不太積極又不太擅長的部屬來說，反覆提問題只會變成一種打擊。所以，只有想辦法在部屬的彙報內容中找優點，透過鼓勵來激發其投入的動力，才有機會讓他越做越好。**

以下這些方面能幫助你找到部屬彙報的優點，發現了就即時抓住它，藉機表揚、鼓勵部屬。

・部屬的工作表現：「這個任務在你的推動下有了很大的進展，我看到了在這個過程中你付出的努力，你獨立解決問題的能力讓我印象深刻。」

・彙報準備的充分度：「你準備得非常充分，解答了我的所有疑問，為了這個彙報你一定下了不少功夫。」

・彙報內容的價值：「你不光在與客戶合作談判中做得好，還透過與客戶建立信任，了解到他們未來兩年的公司戰略，這對團隊內部即時調整方向和資源非常關鍵。」

・彙報的即時性：「你能提出這個問題非常棒，這對我來說很重要，若你沒告訴我，我很難在短時間內發現團隊裡存在這樣的問題，等發現時，就更不好處理了。」

・彙報的技巧：「比起上次跟我溝通這項工作的時候，你這次進步很多，能透過收集數據去驗證、支持觀點，讓你的想法更有說服力了。」

最後，請提供支持。工作彙報不應該是形式化的，而應該是即時發現問題、解決問題、對準目標、了解部屬工作情況的重要手段。**因此，雖然彙報的主角是部屬，但過程卻不是部屬對你的**

單向輸出，而是融合了你的理解與支持的雙向溝通。

在彙報這件事情上向部屬提供有效的支持，可以從兩個方面考慮。首先，就工作任務給予支持。顧名思義，就是幫助部屬發現在彙報的工作中可以提升、調整的地方。當他提及自己的挑戰時，和對方共同商議解決辦法。

再者，就彙報本身給予支持。將工作彙報化繁為簡，減少部屬額外的工作負擔。

- 小事隨時說，減少正式彙報的時長和頻率。
- 調整對彙報材料的要求，降低對過多不必要細節的呈現要求，以及美觀的要求。

輔導彙報：如果部屬常常無法清晰的表達自己的想法，溝通缺乏重點或邏輯，那麼在彙報工作時，不光你聽得費勁，他也會對這件事情望之卻步。為了幫助他提升表達能力和技巧，可以從「教」和「問」兩個方面出發。**教，是教彙報結構；問，指的則是進行啟發式引導。**

「教」的內容有以下三種彙報結構，不妨將它們與部屬分享。對做彙報的部屬來說，這些結構用起來簡單易上手；對聽彙報的你來說，也較能快速理解。

- 彙報解決方案用SCQA模型。

SCQA模型是一個結構化表達工具，是麥肯錫咨詢顧問芭芭拉・明托（Barbara Minto）在其著作《金字塔原理》（*The Minto Pyramid Principle*）中提出。它是一種常見的問題解決結構，也是高效的溝通工具。

S：情境（Situation），引出大家熟悉的背景、情境、事實。

C：衝突（Complication），描述實際面臨的衝突、挑戰。

Q：問題（Question），提出具體問題並針對問題進行分析。

A：回答（Answer），給出問題的解答和建議。

- 彙報專案進展用WBS工具。

WBS，全稱為Work Breakdown Structure，中文翻譯為工作分解結構。它是專案管理中常用的工具，可以將一個大型專案分解成可管理的小部分，以便規畫、組織、控制和執行它。部屬在彙報工作進展時，可以直接使用WBS作為溝通依據來說明目前進展。WBS通常包含以下內容：

專案目標：專案要達到的最終結果。

專案階段：專案的關鍵里程碑。

關鍵任務：里程碑下的核心行動。

關鍵子任務：核心行動中的下一級子行動。

任務及子任務交付物：每個任務／行動的關鍵產出。

各任務起始週期：每個任務何時開始，何時交付。

責任人：每個任務的負責人。

- 請主管做選擇用PICK結構。部屬使用PICK結構可以幫助你更清晰的了解不同方案，做出更明智的決策。

P：問題（Problem），確認需要解決的問題或達成的目標。

I：想法（Ideas），列出所有可行的方案或想法。

C：標準（Criteria），確定選擇的標準或條件。

K：知識（Knowledge），搜集相關的知識和資訊，作為選擇的依據。

PICK（選擇），部屬根據標準和知識對方案做出推薦，由主管做出最終選擇。

「問」是指，當部屬在工作彙報過程中，其口語表達能力有待加強時，透過啟發式提問，來引導他表達得更好的方法。

- 「你的意思是……對嗎？」

此方法適合在部屬表述不清楚、表達含糊時使用，協助其澄清表達的意思，確保雙方理解一致。

- 「你能再具體說明一下嗎？」

在部屬表述過於籠統、缺少細節時使用此方法，可以幫助部屬更加具體、清晰的表達自己的意思。

- 「你覺得這個方案的優點是什麼？缺點是什麼？」

在部屬介紹方案時使用此方法，可以幫助其全面了解方案的優缺點，提升方案的可行性。

- 「你是否考慮過……的方案？」

在部屬提出方案後，用於引導其思考更多可能的方案，提高他的創新思維能力。

- 「你認為產生這個問題的根本原因是什麼？」

  在部屬彙報遇到問題時使用，可以幫助其深入分析問題，找到問題的根本原因，並提出解決方案。

以上是一些常見的啟發式問題，可以根據不同情況適當使用。同時，你也可以根據部屬的表現，靈活運用不同的問題，幫助其提升表達能力。

達成共識：部屬不即時彙報工作，有時不是因為不願或不會，而是不知。如果你認為部屬本來就應該知道即時彙報很重要，不須特別提醒，那你和部屬間的認知差距就會更大，容易引起誤解。所以，解鈴還須繫鈴人，透過讓部屬知之，他才可行之。以下是四個重要的共識點：

- 工作重點：告知部屬你關注的重點。例如，哪些任務是緊急的，哪些是重要的，哪些需要特別關注等，這樣部屬就知道該如何安排自己的工作，什麼事該經常和你保持同頻。
- 彙報頻率：和部屬約定彙報工作的頻率。比如每週、每日或者有需要時隨時彙報等。這樣他們就知道應該在什麼時候向你彙報工作，避免因為溝通不暢或者疏忽而耽誤工作進度。
- 任務進展反饋方式：和部屬約定任務進展反饋的方式。比如，口頭彙報、書面報告、電子郵件等。這樣部屬就知道該如何向你反饋任務進展情況，方便你即時了解任務進展。
- 工作價值：告訴部屬他工作的意義和價值所在，向部屬傳遞你對他的工作價值的肯定，歡迎部屬即時和你溝通進展、遇到的挑戰，表示自己非常願意提供支持。

帶人高手重點筆記

用包容心和好方法，讓部屬不怕被拒絕，或積極面對改進建議

• 坦然拒絕部屬不恰當的提議：放下糾結，開門見山；尊重感受，認同動機；提供解釋，尋求理解；找出價值，積極認可。

• 想讓部屬改變，須明白改變的必經之路：我要改進什麼？我為什麼要改進？我該如何改進？我的感受如何？

• 將批評轉化為建設性反饋：

①給出具體數據和表現事實。

②描述具體表現所產生的影響。

③傾聽部屬的說法。

④表達對部屬出錯原因的理解。

⑤雙方共同商討改進方案，並達成一致。

⑥保持客觀、尊重的態度。

不急不躁，從容應對部屬的對抗情緒

- 切換場域：讓部屬離開情緒爆發的「此時，此地」，進入一個新的環境中使其情緒得以緩衝，保持冷靜。
- 關切詢問：站在幫助部屬的角度關心他的情況和狀態，引導他說出心裡話。
- 提升部屬的情緒智力：引導部屬識別自己的情緒，教他把負面情緒轉化為積極行為，並向他說明情緒管理能力是評估他潛力的重要考量因素。

建立和部屬的信任關係，讓彼此的配合更默契

- 運用信任公式：信任關係＝自我信用×信任他人
- 加強作為管理者的自我信用：透過與部屬坦誠以待，信守承諾，積極幫助他解決實際問題，以及站在其角度做有利於他的事情，來儲蓄你的「信用帳戶」。
- 對部屬多一些信任：在可控的範圍內向部屬委以責任，容許對方有一定犯錯的空間，適度的向他分享自己的不足之處或面臨的挑戰，讓部屬感受到你對他的信任。

①善用團隊教練模型。

②引入資源。

第三章

他是不想做，還是不會做

01 他拖延，有時是故意的

你是否遇到過有拖延症的部屬？他們可能具有以下特徵：

- 經常拖延任務時間，很少按時完成工作。
- 總是等到最後一刻才開始處理任務，導致工作進度緩慢，倉促交付結果。
- 對於重要的任務缺乏時間感，往往把時間花費在瑣碎的事情上。
- 不願意接受新任務或承擔更多責任，總是找藉口推託。
- 不夠主動，往往需要你不斷催促才能完成任務。

你試圖改變他們，卻往往會經歷一連串無奈的過程。

一開始，你認為他缺乏動力，於是鼓勵他「你可以的」，卻發現雖然對方當時答應得好好的，但下回又給了你一個措手不及，任務最後交期都到了，還沒完成一半。你很失望，再交代給他新任務時，嚴肅的要求他必須如期完成，但臨近交期，他卻百般推託，擺出各種理由要求延期，你累積了許多不滿，恨鐵不成鋼。後來乾脆不再給他分配重要的工作，雙方在按時交付任務這件事上，維持著僵持狀態。

你已經對他下了判斷——明明能做到但就是不去做，他一定是故意的。之所以下這種判斷，是因為你看到部屬由拖延導致的外在後果，比如耽誤交期、敷衍了事、借口推託、屢教不改。而與此同時，拖延也為部屬帶來了煎熬的內在後果，這指的是他們內心承受的、因拖延而產生的情緒折磨，包括糾結、後悔、自責、失望、惱怒。

看看他們的內心戲就不難想像，這些情緒的波動進一步導致了他們的自信心的下降，對自己的能力也產生了質疑：

- 「這次我得早點開始。」
- 「做完了這個項任務我馬上就開始。」
- 「時間不夠了，我在做什麼？」
- 「為什麼我不早點開始呢？」
- 「又拖了，我這個人是不是有什麼問題？」

當你能夠看到這些內在後果，是不是對他們多了一些理解，也開始願意對部屬的拖延原因做進一步探究，幫助他們找到感受更好、做得更好的方法？

不同性格帶來的拖延問題

從內在因素上講，性格的不同會帶來拖延的產生。「ＤＩＳＣ人格測驗」（DiSC Personality Tests）是一種科學又易於掌握的行為風格分析工具，用於了解個人的行為和溝通風格。該理論最初由威廉·馬斯頓（William Marston）博士在一九三〇年代提出，並於一九四〇年代後期被應用於人力資源管理和團隊建設。

ＤＩＳＣ理論的架構，由兩個要素建構而來，其一是關注事或關注人，其二是行動快還是行動慢。兩種要素交叉比對，形成了四種行為風格：

- 關注事、行動快的「支配型」（Dominance）。
- 關注人、行動快的「影響型」（Influence）。
- 關注人、行動慢的「穩定型」（Steadiness）。
- 關注事、行動慢的「謹慎型」（Compliance）。

你可能會立刻做出這樣的分辨：行動快的支配型和影響型，肯定沒有拖延症的問題；而行動慢的穩定型和謹慎型，必然是拖延症的代表。其實不然。

支配型：注重權力、自信和成就，喜歡控制局面，直截了當、果斷。**但是一旦失去掌控力，從「我想做」變成了被要求的「我應該」，支配型就會失去動力，形成拖延。**

此外，因為其非常希望得到掌控感、對別人和自己的要求又高，特別容易看不慣別人的工作效率，而把事情往自己身上攬，造成自身的工作量超過負荷，變成了被動拖延者。

影響型：注重人際關係與情感，喜歡與人交往，具有表現欲和感染力。其關注點在於人，以及是否能在人際交往中展現自我魅力與觀點。**而到了兌現行動階段，他就容易失去興趣，特別是沒有得到足夠的關注、反饋和支持時，就容易不了了之。**

同時，影響型容易受到外界的干擾和影響，忽略自己的任務和責任。常常過度樂觀和自信，認為自己可以在很短的時間內完成任務，從而對作業時間預判失準，導致拖延。

穩定型：注重穩定、安全和可靠，喜歡細節，做事有條理，傾向於保守和謹慎。穩定型對於新的任務或決策可能會感到不安和擔憂，從而猶豫不決。在執行任務時，也常常需要充分的準備和計畫才能開始，從而導致拖延。

同時，因為穩定型人特別關注他人，和人配合時會太顧及對方的想法、態度和感受，因此常常瞻前顧後，影響進度。

謹慎型：注重質量、準確性和精確性，喜歡分析和推理，常常顯得保守和挑剔。對於新的任務或決策，謹慎型人可能會過於謹慎和猶豫，需要更多的時間來收集和分析訊息。此外，**這類人又常常想要達到完美和無可挑剔的結果，所以會花更多的時間追求他的高標準結果，從而容易導致拖延。**

看了以上分析，你應該發現了，從內在因素而言，拖延症人皆有之。要使部屬改善拖延症，我們不該揪著他的性格不放，而是找到可能刺激他拖延的對應外部因素做出調整。

導致拖延的外因

那麼，影響拖延症的外在因素都包括哪些？

戰線過長：目標可望而不可即。任務太過複雜或龐大，需要長時間的投入和堅持，這可能會讓部屬感到無從下手、缺乏動力。

任務艱巨：對成功信心不足。某些任務可能需要部屬具備特定技能和知識，或者需要跟特定的人群打交道，對溝通能力有較高要求。如果缺乏這些技能，他們可能會覺得任務很困難。

任務太多：注意力過於分散。如果部屬同時面對多項時間緊迫、任務重的工作，注意力勢必會分散，無法集中精力完成某一項任務，很難有效率的全面推進各項工作。

自由度太低：對執行的動力不足。如果部屬在工作中缺乏自主權和決策權，一味接受安排和事無鉅細的指令，容易導致其缺乏執行動力。

找到了問題，要解決它們就容易多了。如果你發現部屬的拖延有上述外部的刺激因素在，就可以對號入座，啟用解決方案。

戰線過長

- 調整任務分配策略。如果團隊人手資源允許，可以為容易因戰線問題觸發拖延症的部屬，改安排相對簡單、容易見效的任務，讓他更快、更早的看見結果。
- 打碎大目標，變成小里程碑。再長久的任務，再大的目標，也要一步一步的做才能達成。

把目標分解成小單位、明確的階段性里程碑，讓每一階段的小目標都可量化、可達成。這樣部屬就不需要總觀望很久以後的大目標，而是每次瞄準最近的這個小目標就可以了。

- 即時跟進、認可。為部屬的小里程碑設定和你彙報的時間表，主動、即時跟進他的進展，在他達成每個小目標時，給予認可和鼓勵，讓他帶著激勵前往下一個小里程碑。

任務艱巨

- 明確目標與解決計畫。部屬遇到能力上的挑戰而產生畏難情緒，依靠他自己摸索出門道，既花時間，又費力氣，還容易讓其產生放棄的想法。這時部屬特別需要你幫助梳理目標，輔導他形成解決問題的具體辦法，給予足夠資源補齊能力上的不足。
- 最難的事情最早做。當你已經給到上述支持，部屬仍有可能因為信心不足而遲遲不前。這時，如果你能稍微施加一點壓力，要求他在規定的時間內盡早完成任務，並需要他盡快向你彙報進展，那麼部屬雖然在壓力下採取行動，但當任務完成後，他會感到如釋重負，並開始建立「我可以」的信心。

任務太多

- 向外調整。如果團隊中有其他可支援的人手，不妨將不是必須由任務過多的這位部屬做的工作，調出來分給其他同事，讓他騰出精力專注剩餘的重點工作。
- 重排重點。如果缺乏向外調整的條件，就重新梳理部屬手頭上的所有待處理任務，根據重要性和緊急性排序，將任務分階段完成。

自由度太低

- 授權部屬。給予更多自主權和決策權，讓他在工作中有更大的自由空間和控制力。
- 鼓勵創新和嘗試。激勵部屬創新並發展其潛力，鼓勵他提出新的想法和方案。
- 提升容錯空間。提供一個寬容和可支持的工作環境，允許一定的試錯，讓部屬感到安全和受到信任。

02 提升工作動機，不能只靠薪水

作為管理者，你一定希望每個團隊成員都充滿幹勁、力爭上游。然而，你或許遇到過這樣的部屬：

- 他們表現出的工作熱情和積極度不夠，看上去沒有明確的職涯規畫和發展目標。
- 他們可能有其他的生活目標和興趣愛好，不願意把更多的精力投入到工作上。
- 他們對各項工作任務不求做好，只求完成。
- 他們似乎已滿足於現狀，沒有進一步的追求和動力，也不願承擔額外的工作。
- 在日常工作中體現了優秀的能力，總是能有效率的完成各項任務，讓你覺得他們是你的得力助手。然而，當你試圖讓他們承擔更多的責任，或期待其有進一步的發展時，他們卻表現出抗拒和迴避的態度，不願向前再邁一步。

你可能已經嘗試過很多種激勵方法，在物質面向、發展機會上盡力滿足他們的需求，試圖讓其找到進步的動力，但效果卻不明顯。那是因為，這些現象的背後，可能存在著各種不同的內在原因。只有針對不同人，因應不同的方法介入，才能產生足夠顯著的效果。

部屬不願積極的口頭禪

如何找到部屬不積極背後的原因呢？其實，如果你耐心留意，就會發現，這些部屬的口頭禪往往洩露了他們的需求。

「我這樣就挺好的。」

部屬認為，你為他安排的工作目標或者你對未來期待過高，使他產生兩種想法：第一，再怎麼努力也達不到；第二，達成期待意味著更大的挑戰和壓力。

據此你便可以反思，相較於他的能力和資源，你為他設定的目標或期待，有多大可能性在預期的時間內達成。如果你也發現，這個目標設得過高，那麼對於部屬來說，他接收到的就不是目標，而只是一個來自主管的美好卻不切實際的期望，同時也會使其對自我的能力持悲觀態度。

「其實做什麼都無所謂。」

這與部屬對工作的興趣有關，反映了工作內容的安排不在他的激勵區。無論對方是否在個人生活上有更感興趣的追求，他仍然希望自己每天投入大量時間的工作，是能夠激發他的熱情的。做著自己不喜歡又不擅長的工作，且無力改變時，工作變得不積極也就不足為奇了。

「要我做什麼，我就做什麼。」

這與工作的自主空間有關，說明部屬以執行指令為主，很少有發揮主觀能動性的機會。如果部屬的工作被安排得井井有條、工作按部就班，那麼他就失去了創新、試錯、思考、靈活變通的彈性空間，而變成了一個執行命令、缺乏成就感和自主性的機器。

「做再多、做再好，也沒有用。」

這與工作環境中獲得的歸屬感有關，代表部屬不知道他所做的工作和貢獻對團隊產生了何種意義和價值，很少得到認可和反饋。**反饋，尤其是積極反饋，是部屬認同自我的重要途徑。**如果只是努力付出，卻得不到主管或者團隊的肯定，部屬會認為自己的貢獻是不被看見、不重要的，從而失去了做得更多、更好的動力。

以上四個方向所呈現的對**自身能力的信心、興趣感、自主感和歸屬感，恰恰是激發一個人內在動機最為關鍵的因素。**

愛德華・伯克利（Edward Burkley）和梅利莎・伯克利（Melissa Burkley）在合著的《動機心理學》（*Motivation Science*）一書中，表明了如果想要讓一個人產生積極的行動或改變，需要經過以下路徑（見下頁圖3-1）。

也就是說，要想讓部屬產生積極的態度與行動，需要提升其內在動機，而提升內在動機的前提，是滿足他的需求。

如果部屬對自身能力缺乏信心，就重新審視目標的可實現性，使其更現實，或設計階段性目標，使部屬一步步做到；也請避免將目標設得過低，以免他沒有機會發揮能力。

最激勵人的，是努力一下就做得到的目標。這就像球場上的籃球架，球員們都以成功投籃為目標，如果籃框設置得太低，每次都投進，就失去了競技性；若設置得過高，進球全靠運氣，就失去了成就感。

如果部屬缺乏興趣感，就傾聽他的反饋，適當調出其特別不喜歡的工作內容，加入其有動力做好的工作內容。除了調整工作內容，還可以嘗試提高部屬對工作的認知和理解，讓其了解工作的重要性和意義，激發他對工作的熱情和興趣。

如果部屬缺乏自主感，可以給予職責範圍內更多的決策權和自主空間，讓他能夠在工作中有更多的自由度和控制感。可以透過委託一些工作任務，讓部屬自己制定工作計畫和方案，在風險可控的情況下，讓對方按照自己的主體思路去實施，在工作中感受到自主權和責

▼ **圖3-1　積極行為的產生鏈路**

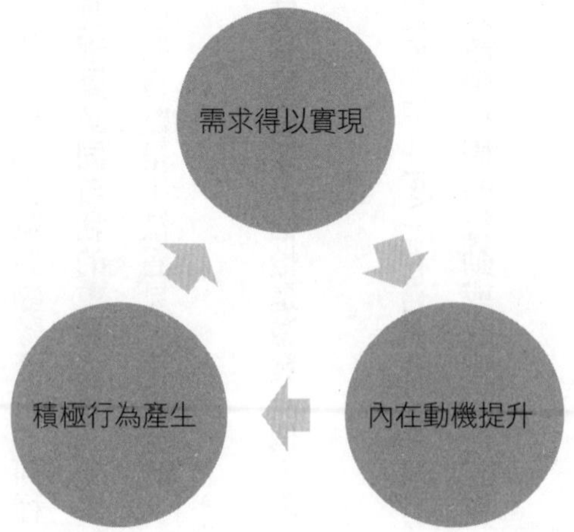

任感。

如果部屬缺乏歸屬感，可以讓他參與團隊的討論和決策過程，讓他感受到自己是其中的一員，對團隊的發展和成果有貢獻。也可以讓他和團隊分享自己在工作中做得比較好的部分，既讓其他人看見他的貢獻和能力，也讓他感受到自己被重視。同時，多給予部屬表揚和肯定，讓他感受到自己的價值和重要性。

有時，以上這些促進內在動機的方法你都做了，同時在物質等外在動機上也做足了，但仍有部屬不為所動，繼續躺平。那麼，你可能遇到了「X理論型」（The X Theory）部屬。

X理論是管理學中關於人們工作源動力的理論，由美國心理學家道格拉斯．麥格雷戈（Douglas McGregor）一九六〇年在著作《企業的人性面》（*The Human Side of Enterprise*）一書中提出。X理論認為人們有消極的工作原動力，認為人在工作時是被動、懶惰和不喜歡工作的，必須透過外部激勵，才會有動力完成任務。

X理論認為人在工作中只關心薪水和物質利益，不會自發的投入工作。因此，相信X理論的管理者認為員工只有受到嚴格的控制和監管，才能達到工作要求。

雖然在現代管理學的發展中，X理論已經被超越和替代，越來越多的管理者開始認知到，人們在工作中並不是被動和懶惰的，而是有自我激勵和自我實現的需求。

但如果你已在激發部屬的內在動力上盡力，而對方仍不願嘗試改變，就要換一種方式，給他壓力，讓適當的壓力成為激勵部屬的一種方式。如何正確施壓呢？方法有三。

訂定明確目標和期限：讓部屬明白任務的緊迫性和重要性，界定責任和義務。在實施任務的過程中，與其提前約定好追蹤頻率、關鍵進度的期待，並且即時跟進部屬的進展，讓其產生緊迫感，從而激發他的行動力。

給予建設性反饋：明確提出對部屬工作狀態不積極、不盡力的觀察和反饋，專注於他的行為和不良影響上，明確表達期望，並為其提供達成目標的支持和資源。

賞罰分明：一方面在部屬的工作狀態有改觀的情況下，適當給予獎勵和表揚，提高其自信心和工作積極性；另一方面，要事先向他確認持續達不到期待的後果，並在部屬消極怠工時即時批評指正，必要時兌現後果。

03 表揚部屬不能只說一句「你真棒」

此刻，請回憶一個你曾得到印象最深刻、最為受用的讚美。那是發生在什麼時候？誰對你說的？如何表達？當時的你心情如何？這份讚美又對你產生了什麼影響？

我想，在回憶時，你已經不禁揚起微笑了。是的，這就是讚美的力量，哪怕它已經過去許久，還是能讓你重獲信心。

人們樂於收穫讚美，會因此把事情做得更好，但並不是每個人都願意稱讚他人。你是一位喜愛或善於讚美部屬的管理者嗎？請嘗試回答下頁問題，每個「是」得一分，測測你的讚美值。

如果你的得分在七分以下，不妨了解一下自己在讚美部屬時，可能存在的誤區。

極少表揚，認為這會使部屬驕傲：你對自己的要求高，對部屬的要求自然也不會太低。部屬日常工作中達成目標、取得的進步，基本上都達不到你表揚的標準。哪怕是付出了許多努力或超越預期完成任務，你也多以「再接再厲」為評語。你認為取得現有的成績，是各種資源支持的加成，是他們應該做到的。你希望其時刻能追求做得更好，而不是因為一點成績就驕傲自滿。

讚美測試清單

・你是否經常注意到部屬的工作表現有進步？	是☐　否☐
・你是否能即時給予部屬正面的反饋？	是☐　否☐
・你是否知道如何根據部屬的不同表現和個性，給出適當的表揚方式和內容？	是☐　否☐
・你是否能用具體的數據和事實來支持你的表揚？	是☐　否☐
・你是否能夠區分場合，來向部屬傳達表揚的訊息？	是☐　否☐
・你是否能讓部屬感受到你的真誠和關注，而不是簡單的套話？	是☐　否☐
・你是否能夠區分不同部屬的優點和特長，並有針對性的表揚他們？	是☐　否☐
・你是否能在部屬犯錯時，提及他的優點來建立其信任與安全感？	是☐　否☐
・你是否給予部屬足夠的自主權和支持，讓他們有機會自我實現和展示自己的優點？	是☐　否☐
・你是否在部屬面臨挑戰時給予鼓勵和支持，幫助他們克服困難？	是☐　否☐

最終得分：＿＿＿＿＿＿

不過，部屬卻因為總是得不到肯定，不斷被要求做得更好，逐漸懷疑自我能力，且緊張與焦慮感日益增強。進步是沒有盡頭的，過往追求進步的動力，也慢慢變成了背後抽打的皮鞭、無形中的壓力，令其逐漸變得壓抑、緊繃。

過度表揚：你抓住一切機會表揚部屬，對方的大小表現你都能找出可圈可點之處，不斷的讚美他們。部屬起初受用，得到你的讚美，心中不免充滿鬥志和滿足感。但後來你漸漸發現，部屬對你的表揚免疫了，就像聽到自來水的水聲一樣稀鬆平常。

原來，過度讚美會讓人產生「內容失真」的感受，更難以起到激勵的作用。

鋪墊式表揚：如果你的表揚後面總是跟著「但是」，那麼不出幾次，部屬就能意識到你是在用「三明治」式的表揚方式（先表揚——再批評——再表揚）讓他掉入圈套。如果你習慣把表揚當成提要求的開場白，認為這樣部屬會更容易接受安排，那麼對方只會暗自認為你不坦誠。這種表揚的目的是在部屬的積極性被激發後，進一步提出要求和指導。

但實際上，這種做法非常容易被識破，一旦被識破，部屬對你的信任度和對工作的積極程度就會降低。

停留在表面的籠統稱讚：這種表揚最常見，因為它用起來最簡單。有沒有發現，無論面對任何場景，一句「你真棒」可應萬變。但是，這句話對於你來說信手拈來，對部屬來說卻因過於籠統，而缺乏了你的重視度和對他們的啟發性。**表揚停留在表揚本身，沒有產生任何對部屬來說可延續的力量。**

那麼，作為管理者，該如何妥善運用表揚的力量？我們先談談該表揚什麼，再接著說明該如何進行。

表揚他向上努力的成果

原則上，最有效的表揚是「升維表揚」。也就是表揚一個人向上努力得到的成果，而非輕輕鬆鬆就可以達成的事物。

這樣的表揚，是欣賞、看好對方的實力；反之，就變成了降低期待，對被表揚的部屬來說，他會認為自己被低估了。

比如，不要表揚一個一線主管做事認真仔細，而是表揚他管理經驗豐富，能夠迅速識別問題的原因，找出解決辦法；不要表揚一個專業能力強的職員 Excel 公式寫得好，而是表揚他能將專業技術用深入淺出的方式，傳授給更多同事；不要表揚一個接線員，日覆一日耐心接打電話的辛苦，而是表揚他有分析用戶問題類別、總結話術的意識。

根據這個原則，我們可以將表揚的內容分為三類。

表揚行為：「表揚行為」是指直接表揚部屬的工作表現，讓他感受到自己的努力和付出得到了認可和讚賞。部屬的工作行為是最容易被觀察到的，從而也是你最容易獲取到素材的地方。

例如，當部屬完成了一項重要任務，你可以表揚他取得的工作結果，讚揚其過程中付出的努力，讓對方感受到自己的工作被看見了、被認可了。**這種表揚可以讓部屬意識到他的什麼表現、什麼行為是被推崇的，他能在未來繼續複製該做法，甚至不斷改進，超越原做法。**

如：「小李，這個月的銷售業績你拿到了區域第一名，這也是你在過去半年中取得的最好業績。我知道這個過程中你付出了很多努力，你的客戶數量多、消費規模小，這些訂單是你用心維護好一個個小客戶得來的。你做的客戶定位分析到現在我都記憶猶新，你所有的努力換來了今天的收穫。」

表揚想法：表揚想法是指表揚部屬的想法、思路和建議。一個好點子不光會省掉很多無效的討論，還會為解決方案打開思路。例如，當團隊討論陷入僵局，大家都想不出如何破局時，一位部屬提出了觀點，讓大家沿著這個思路繼續發想，終於找到了解決之道。回頭檢視這段過程時，這個點子的提出無疑是扭轉局面的利器。你適時的肯定部屬提出的內容與時機，既在肯定部屬的創新思維、邏輯思考、解決問題的能力，也是在向團隊傳遞「好的想法值得被肯定，歡迎大家踴躍提出」的訊號。

如：「小李，今天的會議我們之所以能順利進行，多虧了你的靈感，讓大家能跳出迴圈，用新的視角考慮問題。你能提出這樣的觀點，我相信一定離不開你對產品的熟悉度和思考問題的積極度。」

表揚態度：指表揚部屬的工作態度、動機。良好的工作表現、新思路的提出，背後都離不開一個人對待工作的態度和動力，如果你能識別出這更深層次的訊息，即時提供部屬正向反饋，對對方來說，將能獲得比表揚表面行為、想法更大且更持續的激勵和動力。

上一章在談到給部屬建設性反饋時，我提到要「對事不對人」，這裡談讚賞，也就是積極性反饋時，要轉變為「既要對事，更要對人」。**對人本身的正面評價，是對人內在的深度肯定，比對事本身更有影響力。**

例如：「小李，因為你縝密的思維和優秀的溝通能力，今天這個緊急狀況順利解決了。我看到了你的沉著冷靜和責任感，團隊中能有你這樣一位同事，真是太好了！」

表揚行為，表達欣賞

積極性反饋（Behavior Impact Appreciation，簡稱ＢＩＡ），是指在部屬達標、超出期待及做出卓越成績時，透過指出其優秀的行為和取得的成果，增強他的自信心，延續被認可的行為。運用ＢＩＡ三個基本要素，我們可以快速形成簡潔有效的正面反饋。

Ｂ：行為，即指出部屬值得表揚的行為、想法，以及背後的態度。

Ｉ：影響，即指明部屬的行為、想法和背後的態度所帶來的直接影響。

Ａ：欣賞，即真誠的表示欣賞和感謝。

我們可以參考下面的讚美方式：「小李，今天在會議上，當你面對不同觀點的挑戰時，沒有急於反駁，而是耐心聽取對方的看法、詢問意見，徵求大家對不同觀點的見解。這讓××同事從一開始的激動，逐漸平靜下來，同時讓大家都參與討論，讓會議能繼續有效率的進行（影響）。我看到了你能接納反饋，並客觀的應對不同意見、顧全團隊目標，這讓我十分佩服。也非常感謝你的沉著處理，讓會議有了許多產出（欣賞）。」

04 反正我不做也有別人會做

團隊的目標是由每一位成員有效率、有品質的完成各自責任，並彼此積極配合而達成。作為管理者，你一定希望部屬在工作時積極主動、勇於承擔，但現實往往不如人意。總有些部屬，會出現以下情形：

- 還沒完成該交付的任務就自行下班。
- 對自己負責的專案應付了事，或頻頻出錯、拖延，為接手的同事帶來額外麻煩。
- 發現工作流程有誤，仍按照錯誤的方式執行。
- 發現團隊或別的同事工作中存在的問題，但不主動提醒。
- 只做主管明確交代的任務，完全不做沒有直接點明的工作。
- 向他人交接工作時草草了事。
- 對同事或合作方的求助、問題敷衍應對。
- 對自己的工作要求，是「不求做好，只求完成」。

- 遇到問題不主動嘗試解決，被動等待主管指示。
- 缺乏團隊合作精神，只關注自身利益。

這些令人頭痛的表現，都是缺乏責任感惹的禍。

責任感是一種懂得對自己和他人負起責任的心態。個人層面上，它代表著此人具有承擔自己行為和後果的勇氣和能力，對自身言行有著清晰的認知和掌握度，能自我約束，且不會輕易逃避責任。

責任感之於他人，則被視為一個人關注他人需要和權益的態度，能有意識的考慮和控制自身言行對別人造成的影響，盡力避免造成對方困擾。

有責任感的人不僅能夠承擔自己應盡的責任，也會在工作、生活中積極關注他人的需求和感受，以合作和共贏為目標。

所以，一位缺乏責任心的部屬，不光影響自己該負責那部分工作的效果和效率，還會耽誤其他同事的工作進度，甚至產生信任疑慮，影響團隊的氛圍和工作成果。

缺乏責任感的四大原因

那麼，為什麼部屬會出現缺乏責任感的情況呢？其原因有四點。

本身盡責程度偏低：「大五人格模型」（Big Five Personality Traits）是經由心理學理論延伸

而來的人格特質分析方法，其架構包含了以下五種評估要素：外向性（Extroversion）、親和性（Agreeableness）、盡責性（Conscientiousness）、神經質（Neuroticism）和開放性（Openness to Experience）。這些評估項目被認為是構成人們個性特徵的基本要素，能更精準的預測一個人的行為、態度、興趣與價值觀等。

盡責性是大五人格模型的一個評估項目，它指的是一個人具備與責任、目標、計畫和成就有關行為特徵的程度。盡責性高的人會表現出嚴謹、自律、勤奮、可靠、自我約束、有條理、目標導向等行為特徵，而盡責性低的人則可能表現出散漫、拖延、隨意、衝動等行為特徵。

一些人可能天生就缺乏盡責性，或者缺乏培養和鍛鍊這種能力的機會，導致其工作上表現缺乏責任感。盡責性程度高低不僅影響個體的自我發展，還會影響工作績效、人際關係和社會適應能力。

不知道該負什麼責任：這可能是因為缺乏足夠的資訊或指導，或是因為工作職責沒有被明確定義。當部屬不清楚自己應該完成的任務時，他們就會感到困惑和不安，並因此猶豫不決、拖延或者將責任推給其他人。

有時，你將一個任務交給多個部屬，需要他們互相配合交付結果，但沒有明確說明他們各自要完成的部分是什麼，每個人應該對什麼負責。當你一撤出，部屬之間如果缺乏展開二次討論明確各自分工的意識，就很容易出現多人重複做一個工作，或者存在誰都沒有去關注的灰色地帶。

受其他不盡責同事的影響：這往往是由工作環境中存在的負面影響所導致。團隊中，如果存在一些缺乏責任感的同事，例如不按時完成任務、偷懶、推卸責任等，原本有責任感的同事，和這樣的同僚交流後，就容易受到影響，動搖盡職盡責的態度。

他可能會感到自己盡責無益，額外付出了辛勞，也沒有得到比不盡責的同事更多的積極回饋。而且，自己的工作效率過高、努力過度，甚至會被誤解為「愛表現的拚命三郎」。這樣一來，這些員工就會逐漸收斂自己的責任感，效仿那些不盡責的同事。

自己不盡責也會有人接手：部屬不盡責，也可能是因為他們習慣了依賴他人。不管自己的工作是否做好，總會有其他人來接手完成。當他認為即使自己不認真負責，也會有其他人來補救時，就會不重視自己的工作品質。這種想法往往是因為你或者與他密切配合的其他同事，對他過於包容或者缺乏正確的介入方式所導致。

根據以上原因，有四種方法能夠提升部屬的責任感。

選人時重視盡責性：作為大五人格模型中的關鍵特質，盡責性被認為是一個人內在的性格特徵，屬於冰山下不易改變的部分。雖然環境和社會因素對人的性格有一定的影響，但它在一定程度上與生俱來，並在童年時期逐漸保持穩定，很難在短時間內有較大程度的改變。

所以，與其花大力氣培養、塑造部屬的責任感，更務實的辦法是在選人階段就選拔具備責任心的人才。

在招聘時，透過觀察應徵者的行為舉止來增加判斷依據。比如，他們是否會提前到達面試現場；如果晚到了，是否會表現出自責，並主動對耽誤面試官的時間而致歉；面試結束臨走時，是否會將座椅、水杯歸位等。這些雖然是一些小細節，卻是一個人是否對自己負責，並為了不給別人添麻煩，而主動多做一些的責任心的日常反應。

此外，我們要在面試中針對責任心設計行為面試問題。合適的問題包括：

- 是否能和我們說一個你曾經為了把任務做得更好，而額外付出努力的經驗？
- 請舉一個在沒有明確責任分工的情況下，你主動承擔工作的例子。
- 當同事向你尋求支持時，你會怎麼做？請舉例說明。

責任心強的人在回答這類問題時，會體現出行動前有思考、過程中有細節、行動中有付出、任務後有反思。如果挑戰只能給你籠統的、冠冕堂皇的好聽話，那麼就要對他的責任感程度打一個問號。

增強責任情境的影響力：雖然盡責性是不易改變的個性特質，但並不是完全無法提升，一個強而有力的方法，就是增強責任情境在塑造部屬行為上的影響力。一九六〇年代，美國人格與社會心理學家沃爾特．米歇爾（Walter Mischel）提出了情境論觀點，認為**人的行為不是完全由內在特質或性格決定的，而是受外界環境的影響，在個體與環境的互動中產生行為。這個互動，指的就是情境。**

一個在個性上不太追求細節的人，卻可以作為銀行櫃員仔細核對客戶提供的銀行卡資訊和現金數額，確保無誤。因為這項工作的要求之一就是精準，一旦有誤，就會為客戶帶來損失。

一個性格內斂的人，也可以作為電話客服跟客戶主動互動，積極的回答各類問題。因為客服的首要職責就是服務好客戶，不與其積極互動，就無法完成工作任務。

這些都是情境的力量，並且符合高頻率發生、明確性、後果性三點條件。

若你希望能夠提升、塑造部屬的責任感，就可以設計相關工作情境，並將這三點條件融進情境中，加強它的有效性。

比如，你期待部屬每天完成五十個客戶回訪電話，但有些部屬沒完成就下班了，連招呼都不打。要提升部屬面對這項任務的責任感，你設計出的情境重點不該擺在這五十個客戶的回訪電話量，而是部屬每日回顧彙報的過程。

你可以召集整個團隊在每天下班前或第二天上班後，先開回訪回顧會議，要求部屬一一彙報前一日回訪量、接通比例、客戶反饋分析、回訪量趨勢、未完成分析等。

在這個情境下，每天都開會保證高頻率，讓其養成每日回顧任務完成情況的習慣；每次都要求彙報這些指標、訊息，保證明確性，讓部屬知道怎麼做是對的；如果有人應該完成任務卻沒完成，就會面對在會議上當眾解釋的壓力，這是後果性。

清楚界定責任與負責人：個人責任要清楚界定負責的內容，團隊責任要確認專案該負責的是誰。也就是說，如果這個任務是交給某個部屬，需要跟他明確他需要交付的內容、標準、交期、完成不了的後果分別是什麼。

如果這個任務需要團隊中多人合作才能完成，就更需注意。這種參與者多的任務，若沒有明確的分工，大家會認為責任不是自己的，自己不做別人也會做，或者別人沒做，責任也不在自己。這就是責任稀釋的後果。

這就需要將任務進行拆解，拆成一個個子任務，然後將子任務分配給指定部屬，並讓負責該任務的同事彼此都清楚分工。當出現問題時，部屬間可以自行找到責任人進行溝通解決，你也可以一目瞭然的判斷問題出在什麼環節、什麼人身上。

打造責任文化：你可以透過建立團隊章程，強調責任文化在團隊中的重要性，從而激發部屬自發的塑造、維護負責任的團隊文化。章程越清楚易懂、越容易執行好。以下關於「責任心」的提倡行為，供你在打造團隊章程時參考。

- 今日事，今日畢。
- 保持耐心並積極的回應向你求助的同事。
- 在面對挑戰時，勇於承擔有難度的事。
- 對自己的責任負責，不推諉找藉口。
- 發現利於團隊改進的問題，主動提出，創造機會。
- 遇到尚未明確界定職責的緊急任務，先去做，再分工。

05 聽事實、聽感受、聽需求

作為管理者，和部屬進行一對一談話既是你推動工作的重要方式，也是你了解對方狀態和想法的不二選擇。然而，這不是件容易的事，有時你會陷入以下的困難中：

只會談事：你是任務導向、目標感強的主管，不太善於和部屬談任務本身以外的話題。和部屬談話時，你總是單刀直入、直奔主題、你說他聽。你說完了，只要對方沒問題，剩下的時間就只有尷尬了。一個小時的談話，常常你只需二十分鐘就把該說的說完了，還剩下四十分鐘，如果這時就結束談話，你認為對部屬有些不尊重，卻又覺得實在無話可說。

被部屬帶偏：你本來想跟部屬談話題A，但部屬一上來就跟你談事情B，你不太好意思打斷，又對事情B挺感興趣，於是順著部屬的話匣子從話題B談到話題C。最後時間到了，話題A完全沒談到，但時間已經不夠了。

想到哪談到哪：你和部屬談話一貫的開場白是：「今天我們談點什麼？」於是，今天談什麼，完全端看當時你們各自想到什麼。一場談話下來，好像談了什麼，又好像什麼也沒談。

以上這些談話方式，雖然也能完成談話，但會出現種種「後遺症」：

部屬執行任務時，方向偏離了：你認為自己溝通了，也把該傳達的都說明白了，但對其而言，這個談話有溝無通，他只聽你講完，並沒有機會充分表達自己的看法，於是帶著自己的理解做事，跑偏也就不意外了。

形成泛泛的上下級關係：不夠深入談話只能建立表淺的關係。對上下級來說，一對一談話是了解彼此、建立深層信任的最佳方式。但把握不好，不但無法增進關係，還會變得疏遠。

讓談話變成雙方的負擔：原本談話是你們在繁忙的工作中難得的交流機會，卻因為缺乏有效的方法，變成了「雞肋」，食之無味，棄之可惜。每當你們其中有一方因為臨時有急事而要取消談話時，對對方來說反而變得如釋重負。

和部屬一對一談話

想要規避以上問題，首先要明確和部屬一對一談話的目的。

- 了解部屬的工作情況和表現，即時發現問題，提供相應的支持和幫助，促進其個人成長和職業發展。
- 增強與對方間的溝通和信任，建立良好的工作關係。
- 了解部屬的需求和想法，激發其工作動力和創造力，維護對方的工作穩定性。

基於多重的目的，談話看似平常，實則意義重大，不能抱著「和部屬的談話機會多的是，這次沒談到下次再談」的心理，而是在每次談話中都做到既談事又談心。要做到這一點，可以參考以下方法。手段上，可以注意三個要點。

固定談話時間：根據工作需要和部屬的工作安排，選擇一個合適的時間或循環的固定時間進行談話，比如設定每個週四上午的九點至十點鐘，都是你們一對一談話的時間。

約好後，便遵守預定的時間，不隨意更改或取消談話。透過固定談話時間，讓部屬感受到你的重視和關注，並建立起穩定的溝通渠道，不因忙碌而忽視談話的頻率和品質。

提前約定話題：在進行談話之前，建議提前與部屬約定談話的話題和內容。這樣可以讓對方先準備好相關材料，確保談話重點和目的明確。同時，你也可以事先準備相關的問題和建議，以便在談話中能有效的指導和幫助部屬。透過提前約定話題，你可以精準的掌握談話的主導權，確保談話的效果。

你多聽，部屬多說：在談話過程中，根據部屬的表現和反應，靈活調整談話的節奏和語氣，並注意控制談話的時間和長度，避免過長或過短。你多聽，讓部屬多說，但又不忘記自己是主導的人，適時推進進度，讓談話以終為始。

能力上，最為關鍵的是提升傾聽力。**想讓談話有來有往，既談清楚事情，又走入人心，就需要透過傾聽來聽懂部屬在講什麼，再藉由聽懂來加以詢問，從而讓對方打開思路和展現情緒，了解他的語言背後的深層表達。**

實踐3F傾聽法

傾聽，顧名思義，指的是集中精力、認真聽。你的傾聽力如何？談話中，你是否會：

- 盼望著對方停下來，以便你能開始說話。
- 當對方說的不是你想聽的，或你認為說的不對時，會忍不住打斷，申明自己觀點。
- 當你有別的事情時，會聽不進對方在講什麼，不斷看時間，想提早結束談話。
- 一有機會，你會說：「你看，我早就告訴你應該這麼做」。
- 不由自主的將對方的話題引到自己身上，開始講自己的故事和觀點。

以上的情形，都處在傾聽的基礎階段——以自我為中心的傾聽。這種傾聽，是按自己的觀點來判斷對方，按照自己的意願選擇聽什麼、怎麼聽，是一種以己度人的傾聽。

而傾聽的更高階段，是將注意力集中在對方的身上，聽見對方真正的情感和意圖，聽到話外之音，同時放下自我的評判，站在對方的立場給予回應。

要做到這種傾聽，可以借助「3F傾聽法」（見左頁圖3-2）建立更全面、深入的傾聽力。

聽事實（Fact）——是事實還是觀點：有時部屬說到一個點，你不假思索就與他展開探討，但花了不少時間發現方向有誤，這可能是因為在源頭上沒有澄清部屬說的是否是客觀事實。來看以下例子：

- 小李最近總是遲到。

・小李不是一個認真的人。

・小李無緣無故的對我發脾氣。

如果聽到這些話立刻信以為真，就會順著這個方向下判斷，後面的解決方案就跑偏了。但請留意「總是」、「認真」、「無緣無故」等用詞，它們是引發你去探究這些話是事實還是觀點的訊號。當收到這些訊號時，你的傾聽力就已經啟動了，澄清也自然而來。

・小李多長時間內遲到了幾次？分別遲到多久？他是如何解釋的？

・小李做了什麼體現出他是不認真的人？他以前表現怎樣？

・你和小李發生了什麼事？是什麼原因導致衝突產生的？他是怎麼對你發脾氣的？

這樣一問，答案就又不一樣了，你的判斷也有了更有力的依據。

・小李最近一個月遲到了三次，第一次遲到

▼ 圖3-2　3F傾聽法

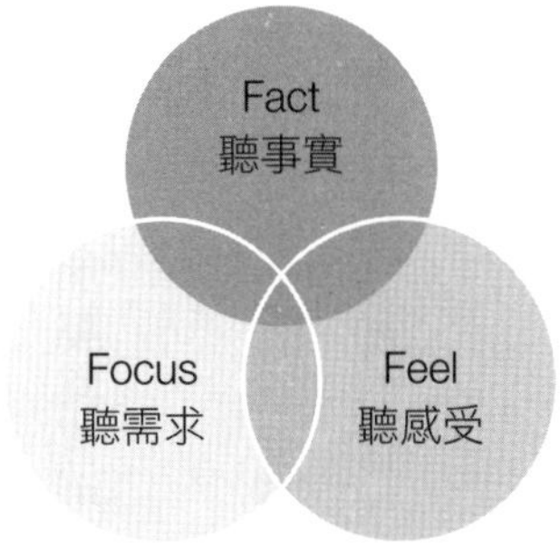

聽事實——對方說的是事實還是觀點？
聽感受——對方傳遞了什麼樣的情緒？
聽需求——對方的語言背後實際上表達了什麼需求？

半小時，這週一遲到了十分鐘，今天遲到五分鐘。不過他每次都有提前跟我打了招呼，遲到是因為他最近搬家了，對路況還不太熟悉。

- 小李一直以來還挺仔細的，但昨天的報表最後的金額出錯，是因為公式寫錯了。
- 因為報表上的這個錯誤，我批評了小李，說他不認真，小李可能覺得有些委屈，因為他一直以來都很仔細負責。

聽感受（Feel）——是感受還是想法：想法總是伴隨著感受，但如果不注意，你可能會忽略部屬談想法的同時傳遞出的感受訊號。忽略了感受，尤其是負面感受，部屬就有可能卡在情緒裡，一時跟不上你的節奏，無法回到現實中解決問題。

如果部屬這樣跟你說：「我覺得我無法做好這項工作。」當沒有聽到他的感受時，你可能就朝著輔導他怎麼做好這項工作處理去了。但如果認真傾聽，加上觀察他的肢體語言、表情語氣，就可能發現這句話背後有著不同的感受。

「連這個工作都做不好，我對自己很失望。」

「手上同時在做的任務太多了，再加上這一項讓我很焦慮。」

「這項工作本可以交給新人去做，為什麼給已經有經驗的我呢，我有些失落。」

你看，**想法背後有感受，感受背後又有新的想法**。只有聽到了部屬的感受，才能繼續挖掘他的想法，否則，就只能停留在表層想法之上了。

聽需求（Focus）——是感受還是需求：有時，部屬不需要你聽出他的感受，而是自己直接就表達了。如果你只是表示「我聽到了你的感受」就結束了這段談話，那麼其實在部屬這邊，他還有未被滿足的需求。

以上文例子為例。如果部屬這樣說：「連這個工作都做不好，我對自己很失望。」他背後的需求是期待重建信心，也願意把工作做好，但希望得到你的鼓勵和輔導。

若他說：「手上同時在做的任務太多了，再加上這一項讓我很焦慮。」他背後的需求是，期望能有條不紊的開展工作，因此需要你幫助他重排任務的優先順序，或多給他一些時間和理解。

如果他告訴你：「這項工作本可以交給新人去做，為什麼給已經有經驗的我呢，我有些失落。」他背後的需求是，期望做有挑戰性、能體現他專業和能力的任務，希望你能夠器重他。即便給他比較容易的工作，也能給出合理的理由，讓他從中學到新東西。

06 收服比自己強的部屬

俗話說，強將手下無弱兵。相信每個管理者都希望自己的部屬能力優秀，這樣才能形成整個團隊的強戰鬥力。但是，如果對方能力過強，甚至在某些方面超過了作為主管的你，就又成了一件煩心事，因為這樣的部屬往往不好駕馭。

這種情況通常發生在以下三種情境中。

平級晉升：你們兩人原本是平級同事，能力相當，但在最近的晉升中，你脫穎而出成了他的主管。從同事到上下級，他的心理落差可想而知，加上自己的能力也不差，自然可能出現不服你的情況。

空降團隊：你剛從外部被挖角進來，空降到團隊成為主管。團隊都是原班人馬，只有你是新人，而在這些成員間，還有一位能力優秀且團隊威信不錯的老員工。此時，不光這個老員工會觀察你，團隊其他成員也在關注你，看你如何表現得比他們認為應該成為主管的那個老員工更強。

對方實力超群：這個同事專業能力一流，不光在你團隊內部備受認可，也廣受其他部門的讚譽。不光無人能超過他的技術水平，你在專業上對他的指導也有限。久而久之，他常常表現出不滿，也經常在技術上跟你唱反調。

遇到這些情況，你可能因擔心自己的主管威信受損，而考慮將這類部屬邊緣化，或是跟他針鋒相對，以挫挫對方的銳氣，抑或是相反的無限遷就他。

但當冷靜下來，你還是能意識到，有能力強的部屬在團隊對你來說終究是一件好事。如果善加管理，不僅能放大他的優勢、使團隊進步，還可以體現你的格局，放大你的影響力。畢竟，**一個領導者的影響力，不僅展現在能力不如自己者的身上，更體現於那些強於自己的人。**

所以，在採取適當的方法影響這類部屬前，你需要在心態上先有三點轉變。

你和部屬比的不是專業能力，而是領導力：作為管理者，你不必強於團隊的任何人，尤其是不需要在每一項技術或業務能力上強於部屬，你的關鍵價值不只體現於此。

你的價值是領導力，能夠把一群性格、能力優勢不同的能人聚合在一起，激發大家的創造力和凝聚力，為共同的目標合作、盡職盡責，締造出更好的業績，也讓大家成長為更好的自己。

就像漢高祖劉邦說自己軍事謀劃不如張良，治理國家不如蕭何，統軍作戰不如韓信，但卻能把這幫強者聚在一起為自己所用，成就一番霸業。

也像西遊記中的唐僧，既不能挑擔，也不能降服妖怪，但能帶領三個各有神通的徒弟，一路克服重重艱險取得真經。

任何人都有未被滿足的需求，有需求就有機會：即使是實力堅強的部屬，也一定有某些未被滿足的需求。可能是對於晉升機會的渴望，也可能是對於某些資源的需求，抑或是對於更高的自我認同的追求。當有能力的部屬有未被看見的需求，或者是曾經向其他人表達過需求但沒有得到重視，恰好出現一個機會讓你了解他，並為其創造機會，幫助對方實現期待的同時，使其感受到被關注的滿足感。

真誠以待是最有效的影響力：領導者與部屬之間的關係，不僅是權利與責任的交換。要真正影響部屬，建立起良好的合作關係，必須從心態上真正的尊重部屬，認同他們的優點，理解他們的挑戰和困難，並給予真誠的支持和幫助。尤其是對能力卓越的部屬，要真心欣賞他的才能，感謝他對團隊的貢獻，這是對他最有力的支持。

將重心放在管理

有了心態上的轉變，解決方法就不成問題了。

雖然你不需要跟部屬比較專業能力，但在領導力上，你可以毫無保留的向部屬證明你的優勢。能跟隨更有能力、讓自己仰望的主管，是每個強人型部屬的期待。

可以從以下三點出發，體現你的領導力。

我能知道你不知道的：你需要保持對行業、市場、競爭對手等方面的了解，並結合你對公司的戰略目標的解讀與部屬所負責的領域，主動與其分享這些資訊。

讓對方理解他的工作如何連接公司戰略，在更好的了解外部環境和行業動態的同時，明白自己需要做出怎樣的突破，該如何帶著長遠的眼光看待未來的趨勢。

這些資訊是部屬無法輕易獲取的，你的分享會讓他的眼界和認知能力得以提升，也看見自己的侷限性。

我能想到你想不到的：你需要有更敏銳的洞察力，提升捕捉到部屬未曾發掘的機會或潛在問題，並提出有價值的建議和解決方案。

例如，當部屬遇到挫折或瓶頸時，你可以提供不同的解決方案，給予新的思路和創意。

你也可以從另一個角度出發，思考如何將不同領域的想法融合，打破既定思維模式，提供更有創意的解決方案，這樣的思維方式不僅能夠激發部屬的創造力，也能為公司創造更多的價值。

我能做到你做不到的：你需要展現出在某些方面的過人能力和經驗，比如在團隊管理、專案管理、危機處理等方面的實戰經驗和技能。這不僅能夠為部屬提供指導和建議，還能夠為團隊創造出更高的效益。

你還需要展現自己的責任心和抗壓能力，能夠在困難和挑戰面前保持鎮定、冷靜和魄力，並帶領團隊順利渡過難關。

展現這些能力，可以讓有能力的部屬更加信任和尊重你，同時也能激勵他更加努力的工作，為公司的長遠發展做出貢獻。

你的這些「我能」可以借助於領導職位的優勢，但不能完全依賴於它，否則會讓部屬認為如果換他坐在位子上，也能輕易獲取這些資源。這些「我能」更要來自你的視野、敏銳度、影響力、溝通能力，**也正是拉開強者部屬與你的差距的關鍵點。**

重視部屬的需求

在團隊中，強者部屬是你的關鍵影響對象，無論他是全力支持你的工作，還是對你有所保留，都應該成為你的關注圈對象。想要激勵他、影響他，先要找到切入口，也就是他的需求。

強人部屬通常有以下三種需求：

發展需求：強人部屬渴望在職業生涯中不斷提升和進步，他們不想停留在當前的水平，希望獲得更多的機會和挑戰。作為領導者，你需要幫助他們找到適合自己的發展方向，並提供相應的支持和資源。

例如，你可以定期與部屬談論他們的職業規畫，了解他們的興趣和才能，並提供培訓、學習和成長機會。你也可以讓他們承擔更多的責任，給予更多自主空間，讓他們有機會接觸新的技術、專案或領域，以提升他們的專業能力和視野。

受到認可：強人部屬希望得到主管的認可和讚賞，他們希望工作和成果得到尊重和重視。作為領導者，你需要即時給予肯定和鼓勵，讓他們感到努力和貢獻得到了認可。

例如，你可以定期與對方談話，給予積極的反饋和建議，並即時提供獎勵和讚美。你也可以傾聽部屬的意見和建議，並在工作中充分考慮他們的想法和貢獻，讓他們感到自己的價值得到了充分體現。

此外還有三個小方法，雖然看上去不起眼，卻可以起到很好的激勵作用。

- 塑造強者形象：遇到團隊成員或跨部門同事尋求幫助，如果正好是強人部屬擅長的領域，可以這樣回應：「這種問題問小李，他是這塊的高手。」
- 俯下身來請教：當強人部屬又一次出色的解決了問題，不要只是表揚他做得好，而是抱著學習、欣賞的態度詢問他：「你是怎麼做到的？」
- 不吝越級誇獎：當你的主管讚揚你的工作做得好時，如果這離不開強人部屬的貢獻，無論是否當著他的面，都真誠的向主管表達你對其付出的讚賞和感謝。

空間與自由度：強人部屬希望有一定的自主權和自由度，他們不想被束縛和限制，而是希望有一定的控制感和決策權。作為領導者，你需要尊重其想法和決策，給予他們足夠的空間和自由度，讓他們有機會展現自己的能力和創造力。

例如，你可以讓部屬選擇與安排自己工作，有機會獨立完成任務和解決問題。你也可以鼓勵其嘗試新的想法和方法，給予足夠的支持和信任，讓他們有機會創新和實踐。

誠意鋪路，協助部屬發展

如果你發現部屬既有繼續向上發展的願望，又不乏潛力，那麼幫助他實現發展願望是對他最好的認可。

除了給予部屬專業技能和領導力方面的支持，你還可以幫助他尋找發展機會，為他推薦晉升、調職、深造的機會。透過這些舉措，你不僅可以為部屬的發展提供支持，也可以增加他們的信任和忠誠度，從而提升團隊表現和工作效率。

07 讀懂「〇〇後」要什麼

你可能遇到過下述尷尬的場合：

- 面試的最後，你請應徵者向你提問。他們問的不是未來的職業發展路徑或職位考核要求，而是這個工作是否加班。
- 入職後，他們果然不加班。請他們協助，他們會直言晚上已有安排，毫不猶豫的拒絕。
- 他們請假的理由直白而多樣，「我家的貓生病了，我需要陪牠去醫院」、「昨晚睡得太晚，今早實在起不來」。
- 他們工作表現不錯，你想給他們晉升機會，沒想到他們不假思索的拒絕你，因為不願接受升職後帶來的更多的加班和工作壓力。
- 他們想多一點團隊活動，但當你籌劃聚餐和活動時，他們卻不斷挑剔你的點子。
- 他們不給老同事和你面子，遇到自認不合理的事情會直接表達不滿和自己的主張。
- 他們離職從不拖泥帶水，留給你一句「不喜歡了」，然後說走就走。

如果你看完上述內容後，一邊在默默點頭，那麼說明了，你也是那個在為新生代職員頭痛的領導者。探討九〇後（按：九〇後指一九九〇年至一九九九年期間出生的人，〇〇後則指二〇〇〇年至二〇〇九年出生者，依此類推）的話題熱度還未散去，〇〇後已席捲職場。常聽人開玩笑說，〇〇後是來整頓職場的。而真實情況是，每個世代都有他們各自的特點，就像七〇後帶九〇後有苦惱一樣，八〇後帶〇〇後，不是因為新生代本身有什麼問題，而是代際的差異罷了。你不懂我，我不懂你，在任何的關係上，都會形成壁壘，甚至分歧。

你可能會說，年輕人為什麼不主動了解職場規則，改變自我？但相信你也聽過「誰痛誰行動」。在上下級關係中，當面對部屬不好管，更辛苦的一定是作為管理者的你。同時需要強調的是，你要主動改變不光是因為你比較辛苦，更是因為相較於新生代部屬，你有資源去改變，也更有達成雙贏的動機去改變。

想要與新生代和平共處，需要分三步走——懂他們是誰、懂他們要什麼、懂你該如何提供其所需。

他們是誰

〇〇後出生就伴隨著更加充沛的物質基礎，有著受過更高等教育的七〇後父母，抱持更加開放理念的學校給了他們更尊重個性的成長環境。與此同時，〇〇後的學業、求職、競爭的壓力也在與日俱增，讓這些新生代職場人兼具以下特點：

更自信：他們普遍對自己有較高的評價，對能力有信心。在職場中，他們不會因為對主管或同事的畏懼而縮手縮腳，而是更加勇於表達自己的看法。當他們的能力、想法受到質疑時，也更容易堅持己見。

更自我：他們注重個性化的表達和自我價值的實現，往往具有較強的創新意識和探索精神，更傾向於透過自己的努力來獲得職業發展和個人成長。在職場中，他們不會盲目追求所謂的「成功」，而是更加注重自己的個人價值和特點，善於利用自身優勢來實現職業發展。過去那些對激勵部屬管用的晉升、加薪、發展機會，在〇〇後身上，不再有立竿見影的效果。

既主動又被動：他們勇於嘗試新事物、不斷學習和進步、尋求自我突破，但同時又有被動的一面。當他們在工作中遇到一些挑戰和困難時，可能會顯得被動和猶豫。你會發現，如果你不主動去詢問其想法和困難，就不會主動跟你說，但這又不意味著他們心裡沒有想法。

更清楚自己的短期目標是什麼：他們知道自己現在或者短期內想要什麼，善於制定和實現短期目標，注重工作和生活的平衡。他們不會像老一輩人那樣只注重工作，而是更加注重生活品質，比如旅遊、健身、社交等，這也使他們更有動力和精力去實現自己的短期目標。

對長期目標感到迷茫：儘管他們具有較強的自我意識和價值觀，也清楚自己當下要的是什麼，卻對長期目標的規畫和實現感到迷茫。他們可能會困惑，不知道自己的職業發展方向，也不清楚如何實現自己的長期目標。

他們想要什麼

了解新生代的特點之後，就不難理解那些隱藏在特點背後的需求了（見圖3-3）。

要平等：他們期待平等，不希望因職級、年齡、資歷等客觀因素而被區別對待。

要自由：他們熱愛自由，不希望被束縛和限制，他們需要開放、包容、自由的工作環境，從而展示自己的個性、才華和創造力。

要價值：他們追求的不僅是薪水和職位，更希望透過工作實現自我價值和社會價值。

要權利：他們對自己的權利有更強烈的意識，希望自己的權益能得到保障和尊重。他們需要一個公正、透明、有序的工作環境，期待能參與到與他們相關的決策中，知道跟他們有關的各類資訊。

要支持：他們需要責任心的領導團隊，關心和支持他們的成長和發展；希望有一個能夠給予他們建設

▼ 圖3-3　新生代職場人的五個關鍵需求

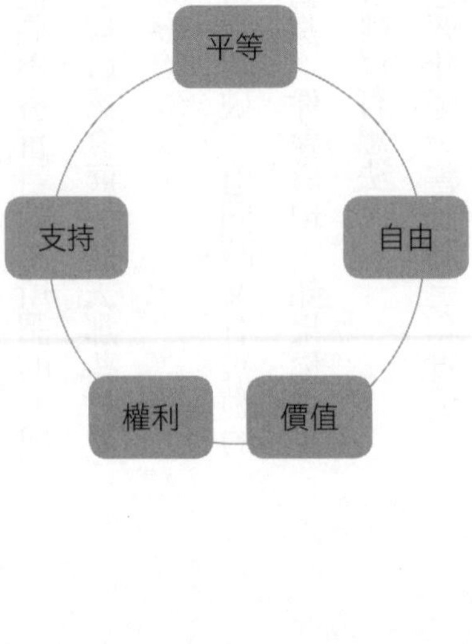

性反饋、指導和幫助的工作環境，看見自己的可能性，並且不斷提升自己的能力。

如何提供其所需

這時再回看本節開頭那些令人困擾的新生代管理難題，你會發現，這些行為背後，是因為新生代的某種需求未被滿足。如果你能主動幫助他們填補這些需求的差距，就是在創造雙贏的機會。你可以從三個方面來創造機會：

淡化權威：在過去，管理者因職級自帶權威，部屬服從管理、執行指令，是管理者認為很正常也很高效的管理方式。但對於新生代部屬來說，權威式管理已經不能讓他們全然信服。只有淡化權威，用平等的姿態、欣賞的態度、合作的意識去贏得他們的信任，才能獲得新生代部屬所認同的管理權威。

- 給予建設性反饋時，把「你」換成「我們」。

  將「小李，這次會議的準備工作有遺漏，你認為你有什麼地方值得反思？」更改為：「小李，這次會議的準備工作有遺漏，我們一起來分析一下下回怎麼做能做得更好，先說說你的看法如何？」

- 布置工作時，把祈使句更換為開放式提問。

  將「小李，明天客戶來訪，你去把會議資料準備好，明天上午十點前放在我桌上。一會我跟你講講具體要求。」

更改為：「小李，明天客戶來訪，我需要你幫助我準備一份完備的會議資料。上回你也參加過招呼客戶的工作了，你覺得怎麼準備這份資料比較好？我想明天會前一、兩個小時能提前看看資料，你預計最快什麼時候能整理完？」

賦予權力：此「權力」非職級所帶來的職權，而是自我管理的權力。**決策上，邀請參與**。當團隊需要制定一項或大或小的新政策或做某個決定時，但凡跟部屬相關，就可以向他們徵求意見和建議，聽取其想法和看法，並且在決策時適當的採納，讓他們感受到被重視。

即便最終決策時無法採納其意見，也要即時向他們說明原因以及決策者在決策過程中做過的努力。**對新生代員工來說，很多時候，被看見、被聽見，比被接受更重要**。

資訊上，開放共享。即時將重要資訊進行開放共享，增強新生代部屬的參與感和歸屬感。例如，在進行績效評估時，將標準和結果公開透明化，讓他們能全面了解自己的表現，認同評估的客觀性和公平性，同時也更清楚自己的定位和努力方向。

任務上，授予責任。可以將合適的任務授權給新生代部屬，讓他們在工作中承擔更多責任和挑戰，從而增強其自我管理能力。不要怕他們搞砸，而是給予對方信任、支持和試錯的空間。如果擔心風險，就將任務拆分成其可承擔的子任務，或是風險可控的小項目。**對新生代部屬來說，做有新鮮感的、跳一跳就能搆到的任務，是他們成就感的重要來源**。

教授思維：要教新生代如何做事，但更重要的是教他們如何思考。其中最為關鍵的四種思維，分別是**時間管理意識**、**解決問題的思路**、**溝通的視角和情緒與壓力管理**。

這些自我管理的思維方法對你來說信手拈來，對於新生代部屬來說卻是值得學習和刻意練習的。那麼，該如何教他們？

- 在你們的一對一談話中，向他介紹這四種思維是什麼，以及其重要性。
- 請部屬回去做自我評估，來看針對這四項他的自我感知是怎樣的，認為自己需要提升項的優先級是怎樣的。
- 下次部屬跟你分享自我評估時，也將自己的觀察反饋給他，對接下來從哪裡開始提升達成共識。
- 確定好開始項後，向部屬講解這項思維背後的內容、邏輯、方法，推薦培訓、書目等資源供他學習。
- 在適合運用這項思維的工作任務中，提醒他進行練習。
- 隨後，請他分享練習中的心得，你也將你的觀察、建議反饋給他。
- 當這一項思維達到你們的初始目標後，就可以過渡到下一項。

08 有一種累，比工作更累

有一種累，不是帶領團隊打仗的辛苦，而是這樣的疲憊：

- 在委派部屬任務前，需要提前準備許多理由與價值的說辭，溝通時也需要迂迴鋪墊，來避免部屬的抗拒情緒。
- 和部屬溝通事情時，如果說得簡潔、直接，容易被其誤解，你不得不重新解釋。
- 部屬間動不動就起衝突，到你這告狀，要你評理。
- 團隊裡大大小小的事都需要你監督、下指令、介入，好像離了你就不能轉。

夜深人靜時，你不禁憧憬，如果畫面換成以下這樣該有多好：

- 你無須多言，只要一個眼神、三言兩語，部屬就能理解你的意思。
- 做艱難決策時，你無須對部屬反覆解釋，對方會理解你面對的挑戰，支持你的決定。
- 團隊能夠獨立作業，不需要你隨時在旁跟進。
- 成員之間互信互賴，了解彼此的個性、強弱項，能夠包容彼此並默契配合。

要實現這些期待，就必須與團隊建立深度關係。請和你的部屬建立深度關係。當你和部屬能在一定程度上預判對方的行為，而不是試探、揣測，那麼你們之間就成功建立了關係。

當你們基於對彼此的了解，在相處中感受到某種程度的自然舒適，而不是緊繃、壓力，並擁有共同的信心、目標時，就代表你們已建立起了深度關係，也就是基於信任的個人關係。

在團隊成員之間，建立以信任關係為基礎的文化。企業文化理論之父埃德加．沙因（Edgar H. Schein）曾這樣定義：「文化指的是，人員被培訓為不只是對需要標準化的事情做到精確，而是在那些需要新的應變的領域，自行思考，並能自我組織。」

而以信任為基礎的文化，是團隊實現自我組織（self-organization，意即團體內每個人能有能力和權限，對自己的工作負責，不依賴上級監督）的前提。不論是想實現深度關係，還是以信任為基礎的團隊文化，都是將人際關係上升為「二級關係」。

埃德加．沙因和彼得．沙因（Peter A. Schein）教授在《謙遜領導力》（*Humble Leadership*）一書中，從文化角度定義了關係的四個層級。

負一級：完全沒有人情味的支配與強迫。

一級：交易型角色和基於規則的管理、服務以及各種形式的幫助關係。

二級：個人化、合作性、信任的關係，就像朋友和高效團隊中的同事關係。

三級：情感親密的、相互承諾的關係。

負一級關係是一種負向、非人性化的苛刻關係，在現代組織中已經比較少見。

一級關係在職場中普遍存在，它是機械的職業化關係，用權威、規則、流程來約束人的行為，無論上下級還是團隊成員間的合作，都是不帶人情、缺乏感情色彩的照章辦事。

二級關係中，會把主管和團隊，看作有名有姓的「個人」，而不只是履行職責的「同事」。這種關係強調將雙方個人化，在工作的面紗下，將更多屬於個體的一面投入到關係中，袒露在對方面前，讓雙方除了工作關係，還有朋友般的了解與默契。

三級關係是更加密切的友誼，超越了二級關係。這層關係可遇而不可求，同時又需注意向彼此分享個人資訊的界限，以確保不影響工作關係。

這四種關係中，基於工作場景，最需要發展的是二級關係，也就是《謙遜領導力》所提倡的關係模式。那麼如何建立二級關係，或是從一級關係向二級關係邁進呢？

你與部屬的個人二級關係

請評估自己與部屬的關係層級（見左頁圖3-4）。

將你的部屬名字逐一放入圓圈內，根據上文四層關係的定義，評估你與每位部屬的關係層級，並將層級數字寫在部屬名字的旁邊。

這時，你就知道哪些部屬已與你建立了二級關係，哪些需要從一級發展至二級關係。

接著，梳理你與二級關係同事建立紐帶的關鍵行為。

之所以能成為二級關係，你一定在關係的建立和維護上付出了額外的努力或精力。它們可能是：

- 你主動分享讀過的好書、文章，聽過的好歌。
- 你主動分享你的家人、孩子的趣事、動態。
- 你會袒露你無力的時刻，或是坦然承認你的不足。
- 你關心對方的生活狀態。
- 你對對方的愛好、興趣感到好奇。
- 你了解對方的為人，對他沒有偏見。

接下來，分析和三級關係部屬疏遠的原因。評估一下，你是否：

- 對他有什麼偏見。
- 工作太忙，疏於對他的關注。
- 只喜歡多跟自己性格相投的部屬打交道。
- 希望對方能夠更加主動拉近關係。

最後，調整疏遠心態，嘗試建立紐帶的關鍵行為。提醒自己：

▼ **圖3-4　你與各部屬的關係層級**

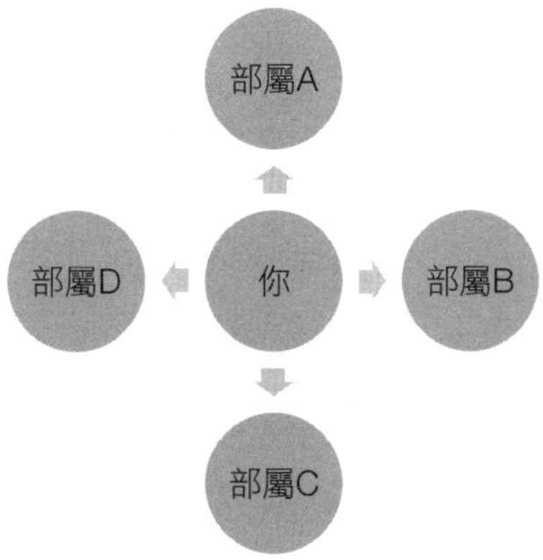

・每位部屬都值得你付出關注。
・理解是建立在了解之上的。
・作為主管，你是建立二級關係的關鍵人。

透過以上四步，你將能與你的關鍵部屬建立起更堅實的信任關係。

團隊之間的二級關係

若與每位部屬都發展成二級關係，固然很有幫助，但這種關係畢竟是縱向的。要讓團隊更加高效、更具凝聚力，還需要建立團隊成員間的二級關係，形成信任互賴的文化。**信任的核心是了解，尤其是對於個人弱點的了解，更能促進彼此間的理解，讓大家把彼此當作一個更有血有肉的人來看待與包容。**

作為領導者，你可以透過引導的方式，協助團隊建立基於了解的信任。這種引導方式，被稱為個人經歷練習。

・請團隊成員每人透過DISC或MBTI等性格測評，做一個個性自評。
・請大家帶著各自的測評結果，來到會議室中。
・引導大家每人回答三個個人化的問題：你出生在哪裡？在哪裡長大？你有幾個兄弟姊妹？你在家中排行第幾？童年時你曾經經歷的最困難、最重要，或最特別的挑戰的是什麼？

需要注意的是，這種練習的目的是讓彼此看見自己那個不為人知的一面，但這類經驗往往是脆弱、有缺點的，並且對自己成為現在的樣子有意義，所以，一是要避開太私人、選擇適合公開的童年經歷，二是希望大家能夠認真的選取故事，三是希望每個人能夠坦誠分享，而不是變成炫耀大會。

為了達到這個目的，第一個回答問題的人最好是你自己，這樣可以建立一個基調，讓大家在開放的環境下分享自己的故事。

在這個過程中，大家可能找到了同鄉，產生同屬於家中老大的共鳴，看見了某位好強的同事是如何從小時候成長為現在這種性格的。

最後，請每個人逐一講解自己的個性測評報告。

每個人在朗讀自己完整的報告過程中，既講優勢，也談不足。基於前一步個人經歷的分享，大家都對彼此有了更強的好奇心，也有了一定的包容度。在這個環境下，同事們更容易打開自己，在談及自己缺點的時候，也尋求了其他同事的理解，甚至表達了自己的歉意。而在每個人的分享過程中，大家也發現了每個人都是多元的、不同的，也都有值得理解的地方。

在這樣的練習下，大家對彼此更加了解，也更能理解同事的行為習慣。當下一回有合作或分歧時，就能回顧起對方緣何如此，從而即時的調整自己看待問題的角度，就有機會把團隊的內耗變為協同。

帶人高手重點筆記

感覺好才能做得好，用讚美讓部屬充滿幹勁

- 表揚要即時且真心，在極少表揚和過度表揚中找到平衡點，並讓讚美的話語言之有物、誠摯真切。
- 最有效的表揚是「升維表揚」，既能讓部屬感到受用，又能讓他願意主動給自己設置更高的目標，取得更好的表現。表揚的內容可以是行為本身，也可以是想法或態度。
- 使用積極性反饋法，透過指出值得肯定的行為，強調行為帶來的影響力，表達真誠的欣賞和感謝，來增強部屬的自信心和自豪感，從而使其繼續堅持被認可的行為。

讓部屬的責任感可遇也可求

- 選人時重視盡責性：盡責性是冰山下不易改變的特質，想要塑造部屬的責任感，更切實的辦法是在選人階段，就選拔具備責任心的人才。
- 增強責任情境的影響力：人的行為會受到外部環境一定的影響，透過設計能塑造責任

心的工作情境和工作要求，幫助部屬按照負責任的方式工作，養成盡責的習慣。

- 確立責任與責任人：個人責任要明確責任內容，團隊責任要明確責任人。
- 打造責任文化：透過建立團隊章程，強調責任文化在你團隊中的重要性，激發部屬自發的塑造、維護負責任的團隊文化。

第四章

你無法改變一個人，只能選對人

01 選擇合適的而非最好的

現代管理學之父彼得．杜拉克（Peter F. Drucker）曾說過：「招聘是所有管理活動中最重要的環節之一。因為我們幾乎無法改變一個人，只能選對人。」

你是否經歷過選人的焦灼、懊惱或沮喪？或許以下情景可能讓你感到熟悉：重要專案在手等待開工，你望眼欲穿，離職幹部的替代人選卻遲遲沒找到人；面試了不少應徵者，但不是經驗不足，就是能力一般；終於有一位各方面都滿足要求的應徵者了，面試過程你和他相談甚歡，即將入職了對方卻婉言謝絕了你；選中的人總算入職了，你以為這下可以高枕無憂，但其表現卻不如人意，沒過幾天又不得不勸退他，繼續大海撈針。

你和人力資源部都付出了很多時間和精力，為何效果令人失望？是努力不夠，還是方法不對？我們不妨先做個小測試，看看以下哪些選項符合你的情況，符合的請打勾。

▼ 表4-1　選人有效行為自評

序號	情境	選項
1	即便已經遇到了還不錯的應徵者，你仍覺得下一位可能會更好，選擇再等等。	
2	你秉承寧缺毋濫的原則，想找一個各方面都完全符合要求的應徵者。	
3	遇到能力突出甚至強於你的人選，你會擔心駕馭不了他，而選擇拒絕錄用。	
4	你覺得應徵者應主動表現出強烈想抓住這份工作的態度；如果沒有，哪怕其他方面不錯，你也可能不會錄用他。	
5	招聘過程你只參與面試環節，跟應徵者沒有其他交集。	
6	如果應徵者拒絕了錄取通知書，除了讓人力資源部再想辦法，你自己通常不會主動做什麼，或者想不到能做什麼，去挽留應徵者。	
7	只用兩、三分鐘瀏覽簡歷，或者直接不看，就去面試應徵者。	
8	你會根據應徵者情況隨機提問，每場面試都問得不太一樣。	
9	你拒絕應徵者的理由有些抽象，常常只可意會不可言傳，比如「這個人溝通時給人的感覺不太好」。	

在這個小測試中，按順序每三道題為一組，共三組。如果你在該組有至少一個勾，那就說明你在這組上存在認知偏見。這三組依次對應著管理者在選人這件事上常犯的三個問題：缺乏標準、被動接受、方式隨機。

因此，我建議你在投入選拔人才的具體事務之前，先把握好三個關鍵原則：選合適而非最好的人選、重視主動吸引的力量、使用科學的甄選方式。

沒有最好，只有更好？

為什麼不要選擇最好的呢？

首先，最好意味著人選沒有標準。正所謂，沒有最好，只有更好。**當你期待一個最好的人選時，就是在找一個想像中的完美人才，「最好」的定義可以無限延伸。**今天面試一位能力超群的程式設計師，你期待他在談吐上表現得更好；明天面試到談吐更好的，你期望他專案管理經驗再豐富一些。這將是一個反反覆覆、難以登頂的過程，結果往往是在等待與比較中迷失方向。

再者，最好意味著衝突。你打算招聘一名銷售顧問，對這個職位的績效考核要求是達成有挑戰性的業績目標。你對人力資源部說，你只有兩個要求，第一，客戶開拓能力強；第二，一定得是個認真、仔細的人。看上去你僅提了兩個要求，不能說要求高，但把這兩個要求放在一個人選身上就是可遇而不可求的條件，變成了「既要……又要……」。

因為，對於大部分人的個人特質和能力來說，都有此長彼短的傾向性，通常較難在相對立的兩個方面同時做到卓越。

客戶開拓能力強，表示人選溝通能力強、人際敏銳度高，而具備這幾點的人，通常不會特別循規蹈矩、仔細謹慎。類似的「既要……又要……」還包括：既要遵守流程，又要有創新意識；既要重視結果，又要管理過程；既要專業獨立，又要合群。

最後，最好意味著最高的期待。如圖4-1所示，應徵者的工作動力與穩定性，和他所期待的與你能提供的之間的平衡正相關。**你能提供的恰好都是應徵者想要的，那麼皆大歡喜，落在滿足區；如果你不能滿足應徵者期待的，就會落到失望區。**對於最好的人選，他的期待也一定與他的資歷成正比，資質能力越優秀，期待越高。應徵者的期待不僅體現在薪酬、職位、短期的晉升機會上，還體在富有挑戰性的工作內容、決策權、長遠的發展、資源的支

▼ 圖4-1　應徵者期待四象限

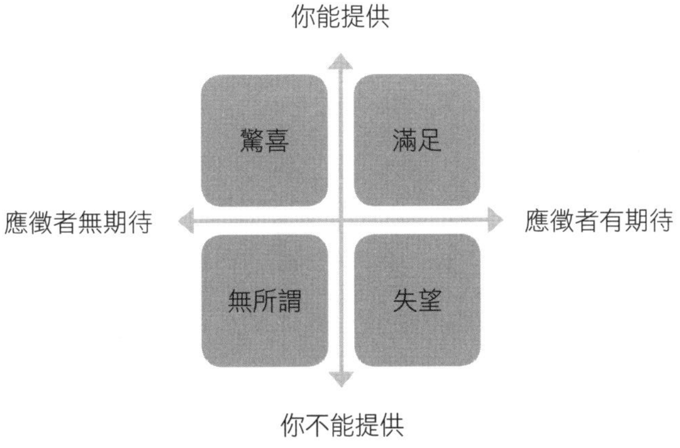

持、能互相切磋的同事、主管的風格等方面。如果你沒做好準備，或者壓根無法配備人選所期待的，那麼即使他不在招聘錄用階段讓你失望，你們彼此也會在應徵者入職後失望。

那麼，是不是只要不把對人選的期待設定為「最好的」，預期就會自動符合呢？不是的。這裡還需要避免另一種情況，即總是在找自己能駕馭的應徵者。面對那些鋒芒畢露、能力突出甚至專業性超過你的人，當你因擔心他們不夠聽話、不好管理而選擇拒絕錄用時，你就陷入了除了「最好」的另一個極端。這種現象並不少見，甚至非常普遍，以至於在管理學中有一個專有名詞體現這個問題，叫做「俄羅斯娃娃現象」。

俄羅斯娃娃現象是一種因為有不安全感和追求容易溝通，而產生的一種管理者傾向——主管們習慣招募不如自己的部屬，從而導致組織一代不如一代，最後走向衰落的現象。

現在，細數一下你的部屬，是在各個方面比你強的人更多，還是不如你的人更多？當有挑戰的任務來臨時，你會苦於沒有出類拔萃的人可用嗎？當你想提拔部屬搭建人才梯隊時，是否會因為部屬紛紛無欲無求、甘願躺平而感到無奈呢？如果你苦笑點頭，那麼很可能你已經成為你所帶領組織中的那個最大的娃娃。

因此，在選人時，既要規避不切實際的「最好」，又要警惕尋求安全感的「小一號」傾向，然後在兩者之間定位到「適合」的應徵者，並且將「適合」的含義提煉成標準，堅持用這把標準之尺，丈量本輪招聘中的每一位求職者。本章第二節將詳細拆解如何制定選人標準。

人才不會主動送上門來

回想我十年前做HR時，每次校園招聘都滿場，每場招聘會的攤位前都被擠得水泄不通。求職者們爭先恐後的遞簡歷，我們這些企業人員連去洗手間的時間都沒有。那時，很少有應徵者放鴿子、拒絕錄取通知書，面試中準備充分、極力表現求職意向者比比皆是，完全體現了企業挑選人才的買方市場地位。也許這種情況塑造了管理者認為人才比比皆是的觀念，直到近幾年不斷被看好的人才拒絕，管理者才逐漸意識到人才和企業的供給關係翻轉。**人才，尤其是優秀人才，不光不會主動送上門，還需要企業極盡吸引之力，才能招致麾下。**

你可能會問，人資部門已在應徵者的吸引工作上做足文章了，還需要人資經理做什麼？其實，這就像相親，紅娘功課做得再足，不如當事人主動伸出橄欖枝。回到人資經理身上，主動做出吸引動作不光能增加人才選擇你的傾向，也能為人才加入後與你高效配合工作打下最初的基礎。

那麼，怎麼做既穩當又精準的吸引人才？人才在加入你公司團隊之前，彷彿在圍城之外，有期盼也有擔心，其擔心背後是對未知環境是否能滿足自己需求的揣測。他們最關心的，無外乎以下五點中的某一點或幾點（見下頁圖4-2）。

適合：「這份工作適合我嗎？」、「企業文化、團隊氛圍適合我的風格嗎？」等問題。

你可以主動分享這份工作的關鍵內容、價值，團隊氛圍，企業的價值觀，用親身經歷的小故事影響他。

發展：如「這份工作的發展空間如何？」、「我能得到怎樣的晉升機會？」、「幾年後我的市場競爭力將如何？」等。

如果他資質好、有潛力，你可以提供適合對方且更有吸引力的職位，讓對方在加入時就感受到被器重，並多向其介紹橫向、縱向的職業發展路徑。

家庭：包含「這份工作需要切換城市與家庭異地，是否值得？」、「出差加班多嗎？如何平衡生活？」等問題。

你需要提供彈性的方式、體恤他需求的福利，如彈性工作，SOHO辦公（居家辦公），探親假期和補貼，家庭參觀日等。

主管：「我和主管能合得來嗎？」、「主管水平如何，能否給我發展機會？」等。

你需要展現對人才的包容、愛惜和信任，以及自身的專業素養。比如，認真的準備這場面試，問

▼ **圖4-2　應徵者求職關注點**

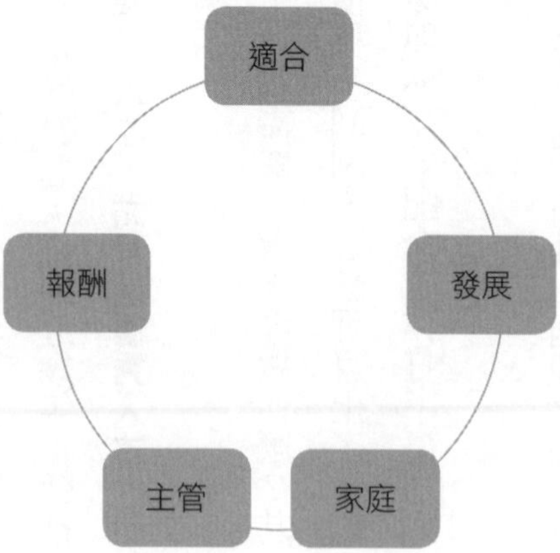

出結構性且引發應徵者思考的問題，或者針對某個專業問題和應徵者探討觀點，在尊重、認可他的同時，也輸出你自己有深度的見解。

報酬：「薪酬與我的上一份工作持平，值得換嗎？」、「未來薪酬的成長空間如何？」等。關注薪酬是應徵者的權利也是剛性需求，你可以向他分享他在工作中做到何種水平將能獲得怎樣的薪酬增長空間，並展示公司薪酬福利的關鍵內容，幫助他建立對整體薪酬的信心。

從過去經驗，預測未來表現

你可能曾經體會過錄用了錯誤的人選，知道那是多麼得不償失的事。選人時耗費了好幾個小時，換來的是為了讓他做出改變，所付出的數十倍的時間和精力。不光整個過程讓雙方心力交瘁，結果往往也是以失敗告終。

於是，你不得不勸退新人，開始新一輪招聘。然而，如果方法不變，會有很大的機率會再次重蹈覆轍，其中的成本、心力、對團隊工作的影響不是僅用數字就可以衡量的。

那麼回到選人階段，當你面試應徵者時，最信手拈來的提問是什麼呢？你覺得什麼因素對應徵者的工作表現產生了關鍵影響？你喜歡詢問他們以下這些問題嗎？

- 「請你做一個簡單的自我介紹。」
- 「你的優點和缺點分別是什麼？」

- 「你覺得自己為什麼能勝任這份工作？」
- 「如果你遇到這種挑戰，你會怎麼解決？」

你對特定星座的應徵者是否特別青睞或排斥？看到對方的字跡工整，是不是就能判斷這個人一定心思細膩、認真可靠？應徵人選看上去沈靜內斂，你是不是就覺得他溝通有礙、影響力一般？

不能說這些問題或看人的經驗完全沒有道理，但從人才甄選手段的科學性上來說，以上這些做法的信度、效度都很低。也就是說，它對於判斷人才的工作表現的準確性既不穩定也不準確。

在預測人才未來工作表現的這個研究領域中最有影響力的人——哈佛大學教授大衛・麥克利蘭（David McClelland），經過大量對比研究得出結論，**一個人在過去的實際工作中展現出來的行為，是預測其未來能否取得成功的最好指標**。

由此，在過去半個世紀中，行為面試法，也就是透過過去行為預測未來表現的面試手段，被組織廣泛應用於人才的甄選中（見表4-2）。

顧名思義，行為面試法聚焦在行為上，既不是觀點、想法，也不是業績、結果，而是透過過往真實發生的事件採取的行為，來評估該行為所代表的能力素質水平，並與職位的招聘要求，也就是我們前文所說的

▼ 表4-2　行為面試法提問樣例

能力素質	無效的傳統提問	有效的行為面試法提問
溝通能力	你的同事如何評價你的溝通能力？	請舉一個例子，當推進某項任務時需要協調其他同事配合，你是如何處理的？

適合標準，進行匹配。**應徵者的過往行為模式與職位要求匹配程度越高，與職位適配度就越高，未來也越有可能在該位置上，取得良好的績效。**

有了以上三件法寶，你將得到一個成功選人的必備公式。在展開選人工作時提醒自己這個公式，哪怕做得不完美，也不會跑偏：

成功的選人＝合適的標準×主動的、有針對性的吸引×科學的甄選方法

下一節，我將帶你了解當你要招聘時，如何把標準設置得清楚且合適。

02 描述清晰的人才畫像

如果今天你想招募部屬，人力資源部約你開會，以收集你對職缺人選的要求，這時，你該從何談起？如果你到了會議現場才開始思考，那麼可能後期招著招著，就會發現當初對招聘要求思慮不周，要重新來過。如果只說要個聰明、踏實的人，會太過隨意又抽象，因為人人對聰明、踏實的理解各有不同。

為了能更快、更精準的招到合適的人，你需要制定一套標準，並固定使用它，以篩選本輪招聘中的每一位候選人。這套標準就是「人才畫像」。

想要推導出心目中理想的人才畫像，首先要建立好「職缺責任」的基礎。

界定職缺責任的3WIH

職缺描述，也就是你常聽到的「JD」（Job Description）。如果你的公司沒有已經制定好的職缺責任，那麼接下來你要學會如何快速將其創建出來（見圖4-3）。如果公司已存在明定條件，那麼這套方法也能幫助你更好的理解JD的用意，補充缺失的關鍵訊息，以及明白它如何與後面要產出的人才畫像連接在一起。

我把這套「職缺描述＋人才畫像」的創建法總結為3W1H法（見下頁圖4-4）。請利用「三個W」構建職缺描述，一個「How」闡釋人才畫像。

步驟一：Why（為什麼），這個職缺的設置目的是什麼？需要哪些關鍵產出？使用哪些指標能衡量這個職位的績效結果？

步驟二：What（做什麼），為了達成上述目標，需要做哪些關鍵任務？各任務的權重如何？

步驟三：Who（和誰合作），在實施這些任務的過程中，需要跟哪些關鍵人員打交道？頻率高還是低？

步驟四：How（如何做成），怎樣做能有效完成上述關鍵任務、與關鍵人員打好交道、達成甚至超越績效指標？

我們以一個銷售代表的例子，先來回答「三個W」，完成職缺描述的創建（見下頁表4-3）。

▼ 圖4-3　招聘標準創建流程

▼ 圖4-4　3W1H職缺責任與要求創建法

$$\frac{\text{Why＋What＋Who}}{\text{職缺描述}} + \frac{\text{How}}{\text{人才畫像}}$$

▼ 表4-3　銷售代表職缺描述

三個W	職缺描述
Why	職位目的：積極開拓、維護客戶資源，完成公司的銷售任務。 績效考核指標：銷售業績任務完成率、客戶服務滿意率、新客戶開發計畫完成率
What	(1) 透過日常拜訪、電話、產品介紹會等多種形式，向客戶宣傳、介紹、銷售公司的產品，達成公司各階段的銷售任務（占40%）。 (2) 參加公司組織的各項市場營銷活動，進行活動的推廣、實施，以及銷售的轉化（占30%）。 (3) 維護客戶關係，為客戶提供優質的售前、售中、售後服務（占20%）。 (4) 收集、整理、歸納潛在和現有客戶資訊，對客戶群進行深入分析，制定有針對性的銷售策略並予以實施（占10%）。
Who	企業端客戶（外部）、市場部市場專員（內部）。

根據以上案例，先考慮為什麼要設置銷售代表這個職位，再分析為了達成目標，都需要完成什麼任務，然後聯想要完成這些任務離不開誰的合作或需要，去影響哪些人。這樣一氣呵成，是不是就變得容易了？

有了職缺描述，你就已經建立好基礎，可以進入「How」的環節——人才畫像，也就是職員具備怎樣的素質和能力，才能做好該職缺的工作內容。

要分析出人才畫像裡具體涵蓋的內容，就不得不再一次提起大衛．麥克利蘭，他創建的冰山模型在過去半個多世紀，被國內外知名企業應用在人才的識別、配置和發展上，為應徵者要實現職位目標和職責需要具備哪些素質提供了全面的框架。

冰山模型以水平面為分隔，將人的個體素質的不同表現形式劃分為「顯現的」水面之上部分，和「隱藏的」冰山之下部分。從上至下，分為知識、技能、能力、個性特質、價值觀和動機六個方面（見圖4-5）。

其中，水面以上的部分包括知識與技能，是外在表

▼ 圖4-5 冰山模型

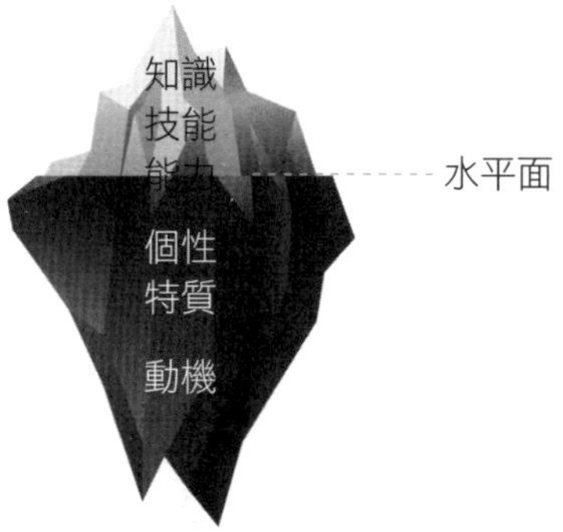

現，最容易識別。水平面若隱若現的是能力，雖沒那麼顯而易見，但也並非深不可測，透過本章第一節講到的行為面試法可以檢驗。而水下的個性特質、價值觀和動力，就越來越偏內在，越往下越不易識別，但又是左右我們的外在行為，影響著人才的工作表現、晉升速度、和他人的合作順暢度等方面的關鍵因素。

知識：是最易於理解和辨別的，指的是你從書本、課堂、培訓中學來的內容，它考驗的是你的記憶力、理解力和歸納總結的能力。比如，產品知識、運營知識、管理知識、英語知識、法律知識、經濟學知識、電腦知識等。

技能：是你透過實踐所掌握和具備的專業技術和經驗。它已超越知識層，進入實幹層，更強調實踐、經驗、重複、熟練，需要累積。例如，帶團隊的經驗、專案管理經驗、程式設計能力、英語交流能力等。

能力：是你在執行特定活動或任務時的行為模式。它通常不是一朝一夕練就的，並且在不同的場景和挑戰下不斷內化，形成才幹，具備跨職位、跨領域的可遷移性，比如溝通能力、決策能力、問題解決能力、學習能力等。簡單來說，**能力的強弱，實際是行為模式的差異化的結果**。

以「溝通能力」為例，一個在溝通前會思考目的，過程中講求結構和邏輯、善於傾聽對方的人；和一個不管三七二十一先說為妙的人相比，溝通能力和效果高下立見。

相較於知識、技能，能力對一個人的成功、績效，起著更為關鍵的影響。**越高階的職位，對知識和技能的要求越弱，而對能力的要求越高。**

比方說，一個人能熟背騎自行車的步驟和要領，是具備了「騎自行車的知識」；透過真騎真練，能夠實際操作，是具備了「騎自行車的技能與經驗」；能夠沉著且靈活應對各種路況、比賽壓力、突發狀況，則具備了諸如「抗壓、分析、解決問題」的能力。

個性：個性是指一個人行為的主動傾向性。**對於同一件富有挑戰的工作任務，具備相應個性傾向的人，比不具備的人不易內耗、有動力。**雖然不是說前者一定比後者在該項任務上做出的結果更好，但的確有更大的可能性。

舉例來說，一個喜歡獨處、善於獨立思考處理事務的人，你讓他去組織團建活動（Team Building），雖然這對他而言在能力上沒有挑戰，但卻消耗著他的能量和動力水平。

價值觀：是指你在語言和行為上所展現的對是非、重要性、必要性等的態度和立場。選擇了和你價值觀匹配的企業和職位，和一群與你有共同價值觀的同事共事，你會感受到久處不厭、相處不累，甚至火花四濺。

企業和團隊尋求和吸引有共同價值觀的人才，同時也塑造、影響著員工的價值觀。在追求高業績時，銷售額與客戶利益孰輕孰重？誠信與專案結果如何取捨？這都需要價值觀起作用。

動機：是選擇背後的根本原因，是直接推動你進行某種選擇、行動，以達到一定目的的內部動力。它作為冰山模型下的最深層，意味著它是最隱匿、最穩固的一個要素。

至此，一個冰山模型的元素構成，就依次回答了人才畫像上的六個問題：

- 候選人需要具備什麼關鍵知識？

- 需要有哪些技能、何種領域的經驗？
- 需要擁有哪些關鍵能力？
- 對他在個性傾向上有什麼期待？
- 希望他符合企業／團隊的什麼價值觀？
- 對他的內在動機傾向有什麼期待？

我們以前文銷售代表的職缺描述為例，它的人才畫像就如表4-4。

需要注意的是，畫像內容越多，對人的綜合要求越高，越難找到合適人選。還記得第一節中的三原則之一，招合適的而不是最好的嗎？為了避免不自覺的設定完美標準，最後一步還要把這些要求排列出必備項目和優先選項。能力、個性、價值觀、動機裡加起來的必備項目，建議在四個以內，如果候選人能在滿足這四個基礎上，額外達到其他某個優先項目，只能說你非常幸運。按這個條件一篩選，例子中的銷售代表從能力到動機的必備項目就變為：溝通能力、結果導向、誠信、客戶至上。

▼ 表4-4　銷售代表人才畫像樣例

冰山模型元素	人才畫像要求
知識	產品知識、行業知識、客戶群理解
技能	百萬級大客戶銷售經驗
能力	溝通能力、解決問題能力
個性	結果導向
價值觀	誠信，客戶至上
動機	成就動機

此時，你可能還會覺得面試中要評估的內容很多，下一節，我將介紹一個聚焦法，讓你輕鬆駕馭面試。

03 選人三關鍵：能不能、願不願、合不合

當面試時間有限，但你想把人才畫像的各標準要求得更全面時，可以只關注一個重點即可（見圖4-6）。

在一場面試中，**無論是基層還是高階職位，你只需要關注候選人三個面向：能不能、願不願、合不合。落在三者交會處者，就是適合的候選人**。只要人選的任何一個面向偏離圓心，都會出現較明顯的用人風險。

能不能：也就是冰山模型中的上三層——知識、技能、能力。確認應徵者是否具備勝任職位的必備知識、技能經驗，以及通用能力。

而其中的知識、技能，因為在冰山的最表層，最易於識別，所以它們通常不需要占用面試時間，可以透過簡歷

▼ 圖4-6　面試聚焦點

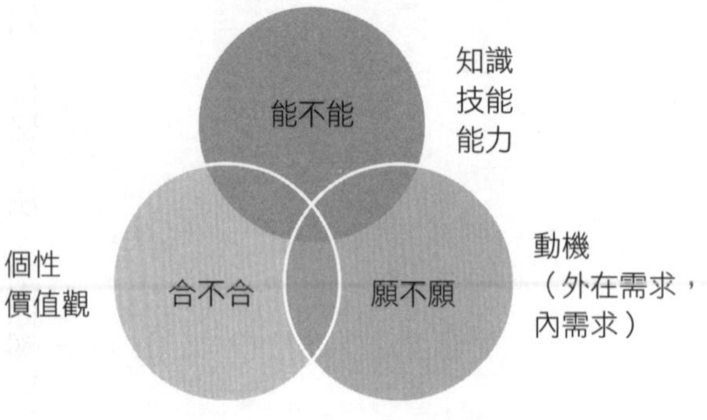

中的教育背景、資質證明、經驗水平，或者增設的筆試、上機測試來檢驗。這樣一來，在面試中的能不能就只剩下一項條件——能力。

願不願：是應徵者的動機，既包含穩固的內在動機，如成就、親和、權利、影響；也包含顯性外在需求，如錢多、事少、離家近等。因為內在動機屬於人不外顯的部分，並不是透過一、兩個小時的面談，就可以判斷準確，所以內在動機的考察，通常採用科學的心理測評輔以參考，且考察對象多是工作勝任程度更受內在動機影響的高端職位人才。這樣，面試中的願不願的問題也只剩下一項，即外在需求，通常被稱為「求職意願」或「求職動機」。

合不合：包含個性和價值觀。主要指個性是否適合職缺；價值觀是否符合企業、團隊文化。

那麼如何把這三者融進一場面試中？通常來說一場面試大約為六十分鐘，並分為四個階段：暖場、核心面談、應徵者提問、結束語。暖場、應徵者提問和結束語控制在十五分鐘左右，剩下的時間都留給核心面談。接下來我們來一一了解每個階段如何進行。

透過暖場，留下好印象

落座：避免與應徵者坐正對面，以減少對立氛圍，以四五%左右的傾斜角度為宜。

打招呼：用友好的口吻與對方打招呼，介紹自己的職位、稱呼。這裡的破冰小技巧是，直呼應徵者的姓名，讓對方感受到你的重視。如：「你好，是×××對嗎？我是大客戶營運總監

×××，很榮幸能跟您有這個面談的機會。」

寒暄：選擇生活化、輕鬆的話題，用提問的方式與對方互動。比如：「我從簡歷上看到你住得比較遠，來的路上通勤情況怎麼樣？」

介紹：講解今天的面試流程，包含面試時長、提問方式、記錄方式。例如：「今天的面試預計一小時左右，過程中我將就你過往的學習、工作經歷進行了解，有的地方可能會詢問得深入一些。為了幫助我彙總評估結果，我會一邊提問，一邊適當做一些記錄，希望你不要介意。」

開啟：開始正式的提問，但是不建議一下子進入一個很深入的話題。因為應徵者通常會或多或少感到緊張、侷促，為了緩解其壓力，加快適應陌生環境，可以選擇他有準備且比較容易回答的話題。如：「簡歷中提到你在上家公司自畢業後連續工作了十年，能談談你都經歷了哪些職責的轉變嗎？」

評估勝任力

四十五分鐘的核心面談要評估四個面向：求職動機、能力、價值觀和個性，而這四個面向又可以組合成兩部分。

能力、價值觀和個性，都能透過過去所經歷事件中的行為所展現，三者統稱為「勝任力」，面談需要三十分鐘。通常按照每一個勝任力，需要十分鐘來計算，如果有四個勝任力，面談那就需要再增加十分鐘。另外，求職動機需要面談十五分鐘。

這兩大部分的順序可以互換，但通常先展開對職缺更重要的勝任力評估。時間的分配雖然不是嚴格定義，過程中可以有一些調整，但將時間合理規畫給每一部分的關注點，有利於你不被應徵者的反應帶跑，有效率的完成所有方面的評估。

以上一節舉例的銷售代表為例，四個必備勝任力為溝通能力、結果導向、誠信、客戶至上。每個勝任力可以設計兩個行為面試題：

溝通能力：

- 「你在過往和客戶溝通，收穫了什麼關鍵心得？請舉例說明你是如何應用這個心得的。」
- 「你是怎麼讓堅定的客戶改變主意的？請說說當時的情形。」

結果導向：

- 「請舉一個你曾經為了實現高業績目標，而付出許多努力的例子。」
- 「你是否遇過沒達成目標的情況？哪次令你印象最深刻？你是怎麼處理的？」

誠信：

- 「請說說自己因為信守承諾，而贏得客戶或者同事信賴的例子。」
- 「你曾在工作中犯過什麼錯？請分享當時具體的情況。」

客戶至上：

- 「你曾經遇到的最有挑戰的客戶是怎樣的？請談談當時的挑戰。」

‧「請舉一個你曾經主動從客戶的角度為之著想的例子。」

每個勝任力最好能用兩個事件來驗證，並且成功和失敗事件都要兼顧，這樣才能獲得更全面的資訊，使你做出更客觀的判斷。

有時一個問題問完，應徵者一、兩句話就簡單帶過了，或者說了一大堆都不在點上，這時就需要你提醒他回到重點上來。你可以嘗試以下說法：「您能說得再具體一些嗎？」、「我剛才的問題是……您可以就這個方向來回答嗎？」、「如果您需要思考，我們可以先進入下一個話題，稍後再回到這個問題上。」

讓應徵者提問

經過前面核心面談的評估，無論你的結論是喜出望外還是失望，都建議給對方提問的機會。一方面是出於尊重，面試作為雙向選擇，應該給予應徵者檢驗企業的機會；另一方面，他這不到十分鐘的提問，會增加你做評估判斷的依據，甚至發現前面五十分鐘沒有發現的問題：

「我對您的提問基本上到了尾聲，您有哪些問題嗎？歡迎向我提問，不管是前面的談話中你可能產生的疑問，還是其他你對我們公司、職位感興趣的地方。」

在候選人提出問題時，可以適時的進行肯定：

「這個問題真是一個好角度，讓我思考一下回答你。」、「好多應徵者都對這個問題感興趣，事實是這樣……。」

面試尾聲說明下一步安排

首先，請追加吸引。感謝對方的提問，對於應徵者沒有問到的企業、職位所具備的亮點，可以向他描述，尤其是對那些你比較滿意的候選人：

「透過前面的對話，可以看出您對我們企業的了解還是很豐富的，我也再補充兩點，幫助你對我們有更全面的認識。」

接著，是「下一步安排」。介紹本輪面試結果的通知時間和方式，以及如有後續面試的話可能的安排：

「本次面試的結果將會在三個工作日內，由人力資源部透過電話或電子郵件向您傳達，請保持手機暢通，即時查看郵件。如果通過本輪面試，後面還會有一次跟總經理的面談。」

最後，表達感謝。感謝候選人參與應徵，引導候選人離開公司：

「感謝您對我們公司感興趣以及今天這一個小時的談話。今天的面試就到這裡，請耐心等待我們的通知。」

整個面試過程需保持節奏緊湊，無提問還是傾聽，別忘記寫筆記。可能你會覺得自己記憶力很好，但大量實例表明，你的記憶可能不準確，剛告別候選人就回顧面試過程都可能忘記一些要點，更不用說隔了幾天再回憶了。所以，一邊傾聽、一邊記錄對方的關鍵詞，用你熟悉的符號標明你的疑問，在適當的時機跟進提問很重要。

我通常在筆記本的一頁紙從中間劃一道豎線，左邊記錄候選人的關鍵回答，右邊的平行位置快速寫幾個關鍵字，來提醒自己在這裡有疑問。這樣，不光在面試中可以隨時檢查本子上的疑問，確保該問的都問到，面試完也可以迅速根據紀錄回顧應徵者的表現，做出更客觀、更準確的評估。

04 入職表現與面試相去甚遠，問題出在哪

當應徵者帶著資歷豐富的履歷，和出色的專案成果業績，在面試中與你侃侃而談，談笑風生；你滿心歡喜的錄用了他，如獲珍寶，期待他入職後能大展身手。可是，一個月、三個月，甚至半年過去了，他一個案子也上不了手，任務推動不即時，工作方式也與你的期待大相逕庭。你和他談了又談，他也表示無奈、無力，最終選擇了離開。

你百思不得其解，面試時表現那麼優秀的人，怎麼會與實際表現相差如此懸殊？

這類情況很常見，拋開入職後對於新人的輔導與支持夠不夠，若只回溯面試環節的問題，我總結有三點原因：錯把經歷當經驗、錯把經驗當能力、錯把能力當動力。

看到這裡你可能會問了，經歷、經驗、能力、動力，這些概念之間有什麼區別？

經驗，不能只有走馬看花

經歷的意思是，人在，心和手不一定在；經驗則指人、心、手都在（見表4-5）。

心代表了投入的主動性，手代表了行動的實踐性，因為心和手的缺席，經歷如走馬看花，對個人能力提升有限，對此項任務的優化也產生不了多少助力。**而有了心和手，有助於找到怎麼樣能做得好甚至更好的規律、方法、竅門，也就有了提煉。**

舉個例子，C和D每週都要與四百位潛在客戶進行電話銷售，從他們各自的描述就能區分出誰只有經歷、誰擁有經驗。

C說：「我把四百通電話分為五份，每天打八十通。每天早晨一到公司，我就開始順著名單從頭至尾的打，遇到不接電話的我會再打一次，如果兩次都不接就放棄，好抓緊打後面的客戶。一天打八十通電話量很大，喝水都顧不上，透過努力，我每天會有四、

▼ 表4-5　經歷與經驗的區別

標準	經歷	經驗
類似任務參與過的次數	一次或多次	多次
過程中的精力、腦力、時間的投入程度	小	大
過程中的主動程度	被動	主動
參與任務後的個人收穫程度	小	大
事後可以教別人做	否	是
事後可以複製到下一次類似任務中	否	是

五個有意願到店的客戶，一週就是近二十位。」

D說：「前兩週打電話，我為自己設置的目標不僅是要把每週四百通打完，更重要的是摸索出怎麼打更有效率、更能出單。我詳細記錄每天的接通率、回撥率、撥打次數、撥打時間段、客戶資料，發現了一些規律：

第一，週一的拒接率最高，從週二開始逐步提升，週五又回落；第二，未接後主動給我回撥的客戶中，我曾撥打過三次的回撥率是撥打兩次的兩倍；中午十二點半到一點半及下午的三點至四點，是接通率的高峰；三十五歲至四十五歲的媽媽客戶，更容易對我們的產品產生興趣。

「根據這些觀察，我調整了方法。比如，我把電話量向週二至週四傾斜，週一和週五留出比平日更多的意向客戶跟進時間；我調整了自己的午休時間，早點吃午飯，十二點半開始聯繫客戶；一次未接的客戶，我會接著再打一次，然後未回撥的話，隔兩小時再撥打第三次；遇到中年媽媽客戶，我會花更多時間了解她們的需求。此外，我會把我們的產品組合成不同的套組，並且向她們詢問意向。

「經過這種磨合，頭兩週的實驗階段一共產生了五十位意向到店客戶，後面用新方法，平均每天能產生十到十五位意向客戶，平均每週在六十位左右。」

顯而易見，C雖然描述得豐富又辛苦，但比起D的人、心、手合一產生的經驗，C的經歷就毫無亮點了。

業務好，不代表能力強

經驗，是指熟能生巧，它決定了效率，由執行多次類似任務的方法提煉，多表現為觀點。能力，則決定了效果，是基於個人主觀能動性與差異化的行為，對事件過程與結果施加的個人影響力，多表現為具體行為模式（見表4-6）。

上文中的D具備了電話銷售中提高效率、統籌安排電話量、提高接聽率的「經驗」，加上他的業績結果不錯，很容易讓人得出結論，他的「能力」不錯。這就是典型的將經驗當作能力。

如何識別自己是否誤判？只要加上兩個字，問自己一個問題就可以：他的「什麼」能力不錯？

如果你能回答出是哪種能力，且它是這類任務的核心能力，就代表沒誤判，反之，則需進一步評估。

回到D的例子，統籌安排電話量、提升接聽率的行為都是方法、觀點層面的，即便勉強把這些行為跟

▼ 表4-6　經驗與能力的區別

標準	經歷	能力
培養或提升的難度	易	難
跨任務可遷移性	不易遷移	可遷移
對主觀能動性的要求程度	低	高
對核心特質的要求程度	低	高
任務完成質量水平	能做對	能做好
任務覆蓋廣度	側重成事	成事＋成人

能力掛鉤，也只能歸到時間管理能力、數據分析能力這些方面，而一個出業績的優秀電話銷售的核心能力並不是這些，應該是溝通能力。在D的描述中，我們並沒有看到他的業績是如何跟他的溝通能力相關的。

如果D接下來這樣進行補充，那麼就能判斷他具備溝通能力。

D：「不同的客戶有不同的風格和需求，也就需要我使用不同的方式去影響他們。我需要透過聽，來快速識別客戶的風格，也需要透過問，來捕捉他的需求，還需要有邏輯的按照他的情況推薦合適的產品。

「比如去年我接觸過這樣一位客戶，電話接通我一說明來意，他就非常煩躁的大聲說，這週已有不同的人打給他兩次了，我的問題也沒得到解答，同樣的話說N遍，你們是怎麼管理的！

「我一聽，心中立馬判斷，應該是有不同的兩位同事之前跟他溝通過兩次，他已經把他的需求說了兩遍。一方面，現在又要重說一遍，所以很氣我們在浪費他的時間。另一方面，他之前願意講兩次，說明他有一定的耐心，並且對我們的產品並不排斥。

「想到這，我馬上向他道歉，說明我們同事間沒有交接清楚客戶訊息，重複打擾到他，讓他把同樣的話說了一遍又一遍。客戶聽我這麼一說，態度立馬緩和了很多，說也不能怪我，就是他本身比較忙，還需要反反覆覆的溝通。

「因為我手上沒有客戶之前溝通的訊息，又想到不能讓客戶再說一遍同樣的話，我就跟他說，我現在就去找同事調取之前與您溝通的訊息，您今天什麼時間能有個十分鐘，我想再次跟您通話，解答您所有的疑問。

「就這樣，我們後續再溝通，他成了我的意向客戶，後來還正式採購了產品。」

動力和其他條件一樣重要

有能力，可以確保任務被好好完成。有動力，則可以確保能力被好好運用、實踐，驅動實現業績超越，且擁有持續的動機（見表4-7）。

前文的D，已經「經驗」與「能力」兼備，你是否已經斷定他來你的團隊做銷售，在更大的平臺下一定會再創佳績？

如果D繼續說出以下這些心裡話，你還會堅定的錄用他嗎？「這種客戶還是好的，但大部分客戶態度是不好的。遇到咄咄逼人的客戶，我雖然能夠想辦法處理好問題，但這種體驗在不斷消耗我的積極性和能量。我做這份工作的半年後，與客戶打交道產生的負能量，在我身上已

▼ 表4-7　能力與動力的區別

標準	經歷	能力
外顯性	易識別	不易識別
任務完成品質水準	能做好	能做更好
對有挑戰任務的適應性	高	更高
對新環境／人的事應速度	有快有慢	快
對未來發展潛力的影響度	較高	更高

經累積到了一定程度。

「每次撥通一個新號碼，都需要鼓起勇氣，撥不通時心裡反而會有點慶幸。我發現其實自己並不適合做這種工作，但看在收入還不錯的份上，還是會硬著頭皮做下去。」

這樣的D，動力源於外在需求——收入，而不是內需求，如對銷售工作的喜歡，或對成就感的追求。他在新的銷售職位上很容易出現業績不穩定，或者做不了多久突然離職的情況。

看來，想看出應徵者更真實的一面，做更準確的判斷，從經歷、經驗、能力到動力，難度指數依次上升。但再難也有方法，下一節，我們就來說說如何透過一系列的提問，看透應徵者的適任程度。

05 找對人的有效提問

為了評估應徵者是否能夠勝任，一場面試中你會問許多不同的問題。以下問題是否讓你感到熟悉？你認為它們當中哪些是有效力的面試提問？

- 「請說說自己有什麼優點／缺點？」
- 「你平時有什麼愛好？」
- 「你最大的成就是什麼？」
- 「同事／主管如何評價你？」
- 「如果和同事意見不合，你會怎麼處理？」
- 「過去兩年的工作中，你印象最深刻的一件事是什麼？」
- 「請舉一個能體現自身責任感的例子。」

答案是，一個都沒有。這些常問甚至被認為好用的問題，其實各有不足（見左頁表4-8）

既然這些常見提問各有不足之處，那麼相應的，有效的提問方式需要具備以下特點：

- 始終以職位要求的能力為目標提問。
- 關注行為，而非觀點。
- 以過去的行為為依據。

以上這些提問之所以常見，是因為它們並不是錯的問題，只是無法有效篩選和評估。那你可能會問，為什麼一定要問具有效力的問題？那是因為，面試面臨兩大挑戰：時間緊迫、任務重。一小時左右的面試，包含三到五項能力的考核、求職動機的評估，還要做吸引、回答好應徵者的疑問。**如果花十五分鐘在一個跟考查目標無關的點上兜轉，就相當於減少了驗證真目標的十五分鐘。**

所以，提問高效的問題，是精準識人的基石。而高效提問，離不開一個經典「套路」（見下頁圖4-7）。

先舉例，從而聚焦能展現能力的關鍵事件；再應用「STAR模型」（見第二五〇

▼ 表4-8　不夠有效的常見提問

面試問題	不足之處
你有什麼優點／缺點？	回答容易造假
你平時有什麼愛好？	和職位要求的能力關聯小
你的同事／主管如何評價你？	回答的是觀點，而不是行為，不能體現能力
如果你和同事意見不合，你會怎麼處理？	觀點不等於能力，會說不一定會做，將會怎麼做不代表做過
過去兩年的工作中，你印象最深刻的一件事是什麼？	回答的未必是職位所需要考察的能力
請舉一個體現你責任心的例子	已經接近一個好問題，但有引導性

頁），引導應徵者將事件的關鍵點完整呈現。

舉出體現能力的例子

基礎版：請舉一個能體現你×××（勝任力名稱）的例子。

比如，「請你舉一個能體現自己責任感的例子。」

這個在前文中使用過的問題，可以將中間的「責任感」替換成任何你想考察的勝任力，比如「請舉個能體現你溝通能力強的例子」、「請舉一個能體現你解決問題能力強的例子」。是不是很簡單？

這已經是一個有效的提問，對於初階面試官來說已經能搞定大部分的面試和候選人。不過既然說它是基礎版，說明它雖然有效，但還稱不上高效。

「責任感」這類詞一從口中說出，就將你要評估的能力素質曝露無疑，應徵者會精心挑選能體現他責任感的例子，引導你去相信他。此外，應徵者還可能給你舉一個五年前發生的例子，但事件的時效性已過，對事件評估的有效度也會打折扣。

進階版：定位勝任力所展現的關鍵場景＋聚焦行為發問。

▼ 圖4-7　高效提問模型

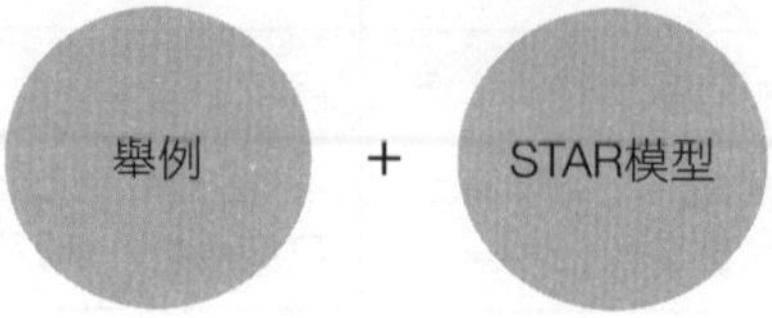

舉例：（定位關鍵場景）「近一年（鎖定近期）你在工作中，都在什麼狀況下與他人意見衝突？哪次溝通最費力？（聚焦行為）在這次意見衝突中，你做了什麼？」

進階版有三個優勢。首先，能夠掌握主動權。「近一年你在工作中都在哪些情況中和他人有過意見衝突？」，透過收集應徵者能展現目標勝任力的各種場景，你能迅速判斷其過去調用這種勝任力的頻率高不高、難度大不大。

再者，定位到能展現勝任力的關鍵事件。「哪次溝通最費力？」，不是任由應徵者給你對識別目標勝任力不具代表性或他包裝好的例子，他需要在前一個回答中做出選擇，給你一個有代表性的關鍵事件，**此事件最能體現應徵者在該勝任力下真實且綜合的水平**。

最後，聚焦勝任力行為不跑偏。「這次意見衝突中，你做了什麼」，前面兩個問題打下了好基礎，最後落腳到你最關心的「應徵者具體做了什麼」，從行為中採集體現勝任力的關鍵點。

在使用進階版時，要注意三個問題不能一次全盤托出，而要按順序。你問一個，他回答一個，再問下一個。這樣做，一是避免問題太多，為對方帶來壓力。更重要的是，你需要透過應徵者對每個問題的回答，做出一定的判斷，來決定下個問題做什麼微調。

比如，透過第一個問題，應徵者已經給了你幾個衝突場景，你發現其中有一個場景和你要招聘的職位中的挑戰場景非常類似，就可以直接聚焦到這個場景去，將後面的問題調整為：「剛才您提到的第二個衝突場景，能具體說明一下你是怎麼做的嗎？」

不管是使用基礎版還是進階版，你都期待應徵者能按照你的期待侃侃而談，把你想問的都回答完整。但絕大部分的情況是，應徵者要不就講得有限，要不就是講很多但都不是你關注的。所以，舉個例子後，需要配合上STAR模型，將你關注的影響勝任力水平的要點都深挖出來。

STAR模型

STAR模型以職位要求的能力為出發點，以收集過往發生的事件為情景，以在事件中應徵者採取的行為為關注點，以行為所體現的能力水平為評估目標。

S（Situation，背景）：事件或任務發生的背景、起因、環境。

T（Task，事件任務）：什麼事件或任務。

A（Action，行動）：採取了什麼行動。

R（Result，結果）：事件或任務的結果如何。

這個模型看上去並不複雜，相信你能很快運用它問出以下問題，完成基礎版提問。

基礎版提問範例：

- 背景：**這件事件／任務什麼時候發生？事件／任務的起因／背景是什麼？**
- 事件／任務：**這是什麼樣的事件／任務？**
- 行動：**在此次事件／任務中，你採取了哪些行動？**
- 結果：**事件／任務最終的結果如何？**

這套基礎版提問方式可以應對基層職位和經驗較淺的應徵者，但如果想更深入、更有把握的評估，特別是對在能力有綜合要求的職位，和工作經驗豐富的應徵者，就需要以進階版提問。

進入進階版的具體提問方式前，重要的是拆解STAR模型的精髓，即分析STAR的內在邏輯。

面試中的每一個提問，都是為了「能不能」、「願不願」、「合不合」這三大目標服務的。**作為三大目標裡的重中之重，「能不能」，是對勝任力的評估，簡單來說，就是由一個又一個的「舉個例子＋STAR模型」組合而成，而其中的STAR模型，又是支撐起能力評估的骨架。**作為如此重要的骨架，只有理解它為什麼要這樣設計，才能用到它的精髓。我經過多年的面試實戰經驗，將STAR的內在邏輯總結如下（見下頁圖4-8）。

首先，先用「背景」定位，來確定這是一件真實的、在過去發生的、時效性合理的事件，並為下一步的定性工作做好鋪墊。

接著，用「事件／任務」定性，來確定三個點：第一，這是不是一件能反映目標勝任力的事件，如果不是，立刻請應徵者改成更符合的事件；第二，如第一點滿足，這件事的複雜度或挑戰是什麼程度。第三，在整個事件或任務中，應徵者扮演了什麼角色，他所承擔的角色任務的複雜度和挑戰性如何。

然後，用「行動」定奪，以目標勝任力為基準，收集應徵者在他所負責的事件或任務角色中採取的行為，看哪些是滿足勝任力要求的行為，哪些不是，以此判斷應徵者在該項目上的勝任力水平。此步銜接了第二步「定性」中的第二點，即關於複雜度及挑戰的評估，可以看出對方行為是高挑戰下的平庸行為，還是平庸事件下的高效率行為，抑或是普通事件下的普通行為。同時，此步也銜接了「定性」中的第三點關於其角色和任務複雜度評估，最終落腳到應徵者本身做得如何。

最後，用「結果」定損，透過分別對整體事件和應徵者角色任務，評估這兩個結果的完成情況，反觀第三步的行動、第二步的角色和複雜度，決定事件結果對評估應徵者該項勝任力是加分還是減分。

理解ＳＴＡＲ模型的內在邏輯後，就能做到帶著目的提問，讓提問方式更加靈活且更加充分（見左頁表4-9），提出進階版問題。

進階版提問範例：

理解了本節的「舉個例子＋ＳＴＡＲ模型」後，不論面試基層還是中高階職位的應徵者，你都

▼ **圖4-8　STAR 模型的內在邏輯**

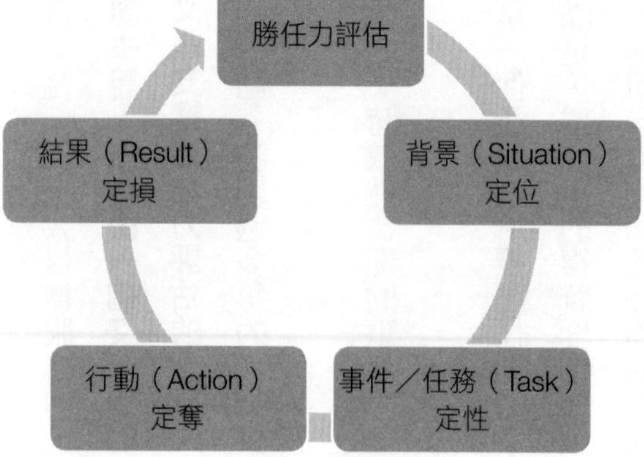

▼ 表4-9　帶著目的進階版提問

STAR模型內在邏輯	目的	問題
定位	確保事件的真實性、時效性，並收集背景訊息為後續提問做鋪墊	1. 這件事件／任務何時發生？ 2. 它的起因／背景是什麼？
定性	識別事件是否符合勝任力展現場景，確定事件挑戰程度，確定應徵者在事件扮演的角色及其角色任務的挑戰程度	1. 這是什麼樣的任務？ 2. 任務的現狀、目標是什麼？ 3. 還有哪些人參與？如有多人參與，你的角色／任務是什麼？用什麼指標來衡量你的任務完成度？
定奪	收集應徵者採取的目標勝任力所需的關鍵行為，結合任務挑戰度評估勝任力水平	1. 為完成你的角色／任務，你具體做了哪些工作？ 2. 過程中你遇到了什麼挑戰，是怎麼應對的？
定損	透過結果的完成度，結合上一步的評估，對該項勝任力打分，做加分、減分或維持	1. 你任務最終完成的結果如何？ 2. 和目標相比差距在哪裡？ 3. 你認為原因是什麼？ 4. 若有機會，你打算如何改進？

掌握了以不變應萬變的套路。而在形形色色的應徵者中，因為背景不同，又會為你帶來新的挑戰，接下來的兩節，我們將詳細說明，如何應對被普遍認為不容易面試的兩種人：「小白」和「老司機」。

06 面試白紙應屆生

應屆生，顧名思義是一群沒什麼工作經歷，剛從校門踏入職場的年輕人。他們年輕有朝氣，充滿無限可能，同時因為還沒有經過職場的歷練，對企業來說充滿不確定性。

作為管理者，面試他們既簡單又複雜。從簡潔的履歷來看，面試起來並不困難，但從他們的特點來說，又非常的不好把握。他們也許能言善道，但只能對你說了一些生活化的小例子，讓你舉棋不定；他們可能有過短暫實習經驗，參與過簡單的小任務，讓你不確定這跟未來工作上的能力有什麼聯繫；他們可能沒說出什麼有說服力的、來到異地工作的原因，讓你擔心他們會不會突然就決定回老家去……為了團隊穩定度，你降低了對人選的能力要求，錄取了一些能力有待加強的應徵者，但不久老員工就向你抱怨帶他們太辛苦。而更長遠的影響在後面，兩、三年後你會發現從他們中難以挑選出優秀的種子，使團隊的交接產生斷層。

此外，別看應屆生經驗與能力不足，短時間內不會成為團隊中堅力量的樣子，若在招聘時能夠選對人，將會對你團隊的健康運行和發展，產生重要影響。

因此，能自白紙應屆生中面試出豐富的內容，證明自己用對人特別重要。接著，我將從面試應屆生最常見的兩大類挑戰著手，說明如何進行更有效的面試。

第一類：評估穩定性

以下是評估應徵者穩定性的幾項要點：

外地求職者：應徵者老家在外地，來異地找工作，通常會給你以下理由：喜歡這座城市；在這裡上大學，對這座城市有感情；和朋友相約來這個城市；男朋友在這裡找到工作了等。

這些理由看上去合理，但說服力有限，應徵者的穩定度仍待檢驗。例如，我所在的城市是青島，每次問從外地來這裡求職的大學生為什麼來青島，八〇%的理由是他們喜歡青島的大海，但離職時，他們的理由又會變成決定回老家考公務員、父母希望他們回去等。大海還是那片大海，離職時也不是因為不喜歡這片大海了，只是有更關鍵的因素在影響著他們的決定。

影響異地求職者穩定性的關鍵因素包括：生存成本、父母意見、城市歸屬三者。

「生存成本」是異地求職者首先要考慮的條件，能否在這座城市擁有基本的生存保障，是影響穩定度的重要條件。相較於本地人，他們在吃穿住用行上都需要額外開支，且每個年輕人的標準不同。現在年輕人的生活水準已經明顯提高，很多人不只要求生存，更期待生活得體面。那麼，應徵者的標準在哪，你又能為他提供怎樣的薪酬待遇呢？

針對此要點，可參考的面試題庫如下：

- 「上大學時，你每個月的生活費是多少？怎麼分配呢？」
- 「你對這裡的物價有什麼看法？你有沒有算過在這裡生活，每個月需要多少費用？」
- 「未來一到兩年你對你的生活品質有什麼期待和規畫？」
- 「假如薪酬在××元左右，你打算如何分配？」
- 「你對未來兩到三年的薪酬漲幅有怎樣的期待，原因是什麼？」
- 「你是打算自己租房子住，還是有固定住所？」

「父母意見」的部分，可以考量到「九五後」、「〇〇後」的新生代，父母多為「七〇後」。這一代的年輕人在成長過程中，和更為包容、開放的「七〇後」父母有了更多的交流，尤其是在升學、工作等重要決定上，更多的年輕人願意傾聽父母的意見。在外地工作的問題上，大多數應屆生都會選擇和父母商量，也尊重父母合理的想法。所以，表面上你在探尋對面這個應徵者的想法，實際上他背後有父母的觀點在施加著影響。面試時，你可以參考以下題庫進行提問：

- 「來這座城市求職，你的父母怎麼看？給你什麼建議？你們有過什麼討論？」
- 「短時間內你的父母對於你在哪所城市工作，沒有異議且比較尊重你的想法？那麼從長期看他們是怎樣考慮的呢？你怎麼看待他們的意見？」
- 「聽上去你的父母不太支持你離家鄉太遠，你有什麼打算？」
- 「未來什麼情況下，你會尊重父母的意見而選擇回老家去？」

談及「城市歸屬」，應屆生在異地工作的頭一年最為不易。哪怕生存無憂、父母支持，也要解決人生地不熟的歸屬感問題。歸屬感既要來自公司內，也要來自外部，內外相輔相成，互相補缺。你需要了解到，他在外部已經擁有的歸屬感程度如何，以及公司內能為他提供多少情緒價值，從而判斷這個城市對他的吸引力有多大、能維持多久。你可以參考以下題庫，進行提問：

- 「你在這座城市有什麼親人或朋友嗎？你們平時常聯繫嗎？」
- 「面對接下來人生地不熟的情況，你有怎樣的感受？為了盡快融入新環境，你有什麼打算？以前有過類似的體驗嗎？」
- 「你提到你的男／女朋友在這裡已經找到了工作，他／她的工作狀況如何？」
- 「你和你男／女朋友對於未來定居在哪個城市，有什麼規畫嗎？」

經歷豐富者：有些應屆生應徵者在大學期間的經歷特別豐富，洋洋灑灑的兩、三頁簡歷，細數每個寒暑假在不同公司的實習經歷，以及在校社團或學生會的經歷。這樣的求職者對於踏入社會的積極性和準備程度是顯而易見的，但這麼豐富、多樣化的履歷，也意味著他們對於這份正式工作的求職意向存在著不確定性。面對這種類型的應屆生，需要搞清楚什麼是他喜歡的、什麼是他不喜歡的，以及擅長或不太擅長什麼。面試時可參考以下題庫：

- 「大學期間你參與的活動／實習經歷很豐富，哪些是被安排的、哪些是你主動選擇？」
- 「在所有參與過的活動／實習經歷中，你投入度最高的是哪幾份？原因為何？」
- 「相較而言，你更喜歡做哪些事，哪些不太喜歡？為什麼？」

- 「哪些事情你做起來比較容易上手，哪些比較費勁？」
- 「如果有機會，你希望哪份經歷或職責能在接下來的工作中得到延續？」
- 「如果重來一次大學生涯，你會如何規畫？參加哪些實習／活動？原因是什麼？」

第二類：評估能力

以下是評估求職者能力的幾項要點。

沒有任何工作和社團活動經歷的應屆生：對於這種類型的應徵者建議慎用。首先，從占比上來說，大多數應屆生或多或少參與過社團、實習工作，在少數的毫無經歷的應徵者中挑選勝任者，成功的機率就比較小。其次，也是更為重要的，社團活動也好，實習工作也好，任何工作說到底都是應徵者的一種主動選擇，**這份選擇中包含著一個人對自己經歷社會歷練的期待、對大學時間的規畫、對不同機會的取捨，這些都是一個大學生在主動向成為一個職場人靠攏的行為。**對於應屆生來說，毫無經歷相當於在大學四年中，他們主動放棄了為未來走入社會做準備。

當然，以上是指大多數情況，並不能將所有沒有實習或社團經歷的應屆生都擋在門外。如果應徵者簡歷內容有限，如何慧眼識珠呢？

首先專業職位看成績。實習、社團等經歷鍛鍊的是一個人的可遷移能力，比如溝通能力、計畫與組織能力、解決問題的能力。對於沒有經驗的應徵者，這些能力沒有鍛鍊到，面試中無法斷定他們是否具備這些能力或者潛力。所以，可以把目標轉移到專業能力。

如果你要招聘的職位是專業能力優先的，比如程式設計師、會計，可以從應徵者對應專業的學業成績和投入度來看，雖然他沒有任何工作經歷，但可以評估他是否把時間花在了學業的精深上，又是否取得了投入後的效果。

再來，從基礎職位看態度。如果你要招聘的是一個非常基層、要求不高、工作重複性多、發展有限的職位，那麼可以降低能力要求門檻，多看應徵者的態度。要看的態度有三：是否積極友好、能否主動溝通、執行力是否過關。也就是說，雖然能力暫時有欠缺，但能以良好的態度，為未來更有挑戰的工作做好準備。

只有簡單的社團和實習經歷的應屆生：在完全沒有工作經歷和工作經歷特別豐富之間，有一群為數不少的僅有少量簡單經歷的應屆生。你問兩個問題，就能看出他所謂的經理助理的實習工作，是否只完成了跑跑腿、幫忙列印這樣的輕鬆任務。或者他的學生會辦事經歷，只是做個表格、檢查環境衛生。這樣的應徵者不在少數，那麼又該怎麼面試、怎麼判斷呢？

這裡就需要先擁有一個觀念：**沒有簡單的工作，只有簡單的看法和做法**。

至少在二〇二〇年前，我面試過一位應屆生，她當時的表現至今仍讓我印象深刻。她只有一份流水線工人的實習經歷，職責就是一直站在工位上，隨著傳送帶把不符合要求的零件挑出來。按照慣常的看法，這就像把大象放進冰箱的三個步驟一樣簡單，看見不合適的零件、拿出來、放在指定的位置。但這個女孩跟我分享了她是如何最快、最準確的識別出不合格零件、怎麼做校準，又如何與其他的工友進行分享的全過程。過程中，我沒有追問多少問題，都是聽她娓娓道來，不光細節、行為豐富，她也十分投入的講述了整個過程，不帶有絲毫對這份簡單工作的輕視，因此更能夠看出她對這份工作的尊重。

所以，你可以透過應徵者對所做工作的評價判斷出他的看法，比如「這個工作很簡單，沒有什麼技術含量」、「工作這麼簡單，就做就好了，也沒有什麼可說的」。

你還可以透過他在履行職責中採取的行動，看他是否展現了能力。就拿列印來說，說一做一的列印，和用心、用方法的列印是完全不一樣的。在同樣的指令下，有的人的目標是把文件印完，有的人卻會把頁碼排好、找出文件中可能的問題、透過閱讀文件增進理解。兩者對工作的態度、展現的能力一目瞭然。

因此，作為面試官，自己不要先對這些工作產生「很簡單、沒有什麼可做的」的主觀看法。原因在於，當應徵者也表現出同樣的看法和做法時，就和你的看法不謀而合，你會覺得他的做法是值得理解的，也就發現不了問題，進而可能做出不夠客觀、準確的評估。

07 面試老鳥靠關鍵八字

不同於白紙的應屆生因為經歷太少不好面試，履歷豐富的「職場老鳥」，則因為對各段經歷都信手拈來、過於熟練，又讓你面臨了新挑戰。

第一份挑戰，來自對方的工作經歷多且時間跨度長。在動輒十幾年的履歷下，有的應徵者幾年一跳，在五、六家公司工作過，其中有基本在一個行業和職能下深耕的，也有接連跨行業、跨職能摸爬滾打的。還有的求職者就算沒換過公司，但在一個公司十幾年下來，也經歷過各種不同職位的工作；哪怕在同一個職位下，每年做的事情也不一樣，光羅列的項目就能占滿整頁簡歷。單看簡歷就知道，這是個有故事的人，但在這麼豐富的資訊下，如何抓住重點，著實讓人摸不著頭腦。

第二份挑戰，來自他們面試經驗多且有備而來。這類應徵者一個自我介紹能做十五分鐘，隨便拎出一條工作線或事例，就能侃侃而談半個小時。你聽得津津有味，卻不知這很可能是對方提前就準備好了，故意說給你聽的。而不想讓你聽的，則會被其完美略過。假如你洞察有力，便會發現了這不是你想要的，但面試時間有限，你又需要在時間和有效資訊的收集面前糾結、取捨。

為了解決上述挑戰，需要落實這種類型面試的**八字關鍵目標：整體把握、準確切入**。既不能像盲人摸象般以偏概全，要知之全貌，又不被牽著鼻子走，要主動把握節奏。

要實現這八字目標，關鍵的方法在於：先見林，再見樹。先了解整片樹林的占地面積、樹木分布、樹木種類、生長歷史，再挑選某棵樹做具體研究。**在面試中，先見林，見的是邏輯主線，是對應徵者的整體認知；再見樹，見的是能夠展現勝任力行為的關鍵事件，而且是由你主動選擇、精準切入。**

先見林——整理邏輯主線

邏輯主線由三條支線構成：時間線、動機線、職責線，三者缺一不可。

時間線：從時間順序、長度上，串聯應徵者畢業至今履歷，核實資訊，排查空白期。

為了掌握面試的主動權，一上來不要問「請你做自我介紹」這種常規問題，可以用「請你按照時間順序，羅列一下從畢業至今的各段工作經歷起止時間」取而代之。

問題發出後，你可能會遇見兩個挑戰。一是應徵者沒有按照你的期待快速羅列自己的經歷，而是進入侃侃而談模式，使用有備而來的自我介紹。這時你可以即時打斷他，「不好意思打斷一下，這裡不需過多展開，先讓我了解一下你的工作脈絡就可以。」

另一個挑戰是，應徵者回答得不完整或者含糊其詞，你沒有拿到完整的時間線。為了規避這種問題，最好在發出上文的提問後，馬上拿出面試紀錄表，做出對方一邊講，你一邊記錄的行動，這樣他就明白你需要記錄他說的關鍵資訊，會更認真的回顧過往，並羅列講給你聽。邊聽邊記錄，很快就能發現哪段經歷的時間和簡歷不符，哪兩段經歷間出現了空檔。每發現一處疑問，就可以打斷、請對方澄清，直到手中的整體時間線清晰、連續、可信。

動機線：從離職和求職動機上了解應徵者過往工作心路歷程，探尋本次求職的動機。

不要問他每一份工作的離職原因和入職下一間公司的原因，可以用更有效率的「過去經歷了這麼多份工作，每次讓你離開的原因有什麼共同點，又有什麼變化？同樣的，吸引你加入這些公司的因素又有什麼共同點和變化？」取而代之。

這個問題一發出，應徵者基本都會陷入思考，而這既能規避候選人提前準備、包裝好的回答，又能看出他真正的看法以及總結能力。他回答的邏輯必須是互相呼應的，而非割裂的一個個離職原因，且經過這樣的提煉，你能初步判斷他當下的求職動機。

職責線：透過了解應徵者履行過的職責、任務和專案，梳理其職責變遷、經驗構成與能力展現的重心區域。

同樣的，不必詢問每份工作的職責和業績表現，只需要把「變化」的理念植入不同場景。具體的提問例子如下：

- 「過去這麼多份工作中，你的職責發生怎樣的變化？」

- 「如果把你過去這些年解決過的工作問題分成幾個大類，你認為包括哪幾類？其中最難的是哪些？」
- 「你在一個職位上持續工作了八年，前公司對你的績效指標有過什麼不同要求？」
- 「哪幾次你超越了績效指標要求，哪幾次績效指標完成得不盡如人意？」
- 「哪些年的工作壓力超過尋常？分別經歷了什麼情況？」

這些問題彼此都有相關性，挑出兩到三個發問，很快就能打開了解應徵者職責履行和表現的大門，讓你在短時間內對他做過什麼、哪裡做得好、哪裡有欠缺、應對過什麼挑戰，這些關鍵資訊得到整體把握。

經過了「先見林」的三條線梳理，你已經掌握了主動權。如何檢驗你是否做到？答案是，如果你能在腦海裡用講故事的方式，把這個應徵者的工作情況表述清楚，就證明你可以進入下一步「再見樹」了。

再見樹——主動切入關鍵事件

為什麼要切入關鍵事件？因為關鍵事件最能展現應徵者的能力。而主動切入，是在「先見林」的基礎上找到了突破口，水到渠成的進行深挖。

例如，你要確認對方的抗壓能力，在得到應徵者關於「先見林」中「哪些年的工作壓力超過尋常？分別是什麼情況？」的回答後，選取其中跟你所招聘職缺的壓力場景最為相似的那段經歷，單刀直入的使用STAR模型進行追問，「請你就這段經歷具體講講，當時的任務目標是什麼？差距在哪裡？你做了什麼？後來結果如何？」

再比如，要考察的是解決問題的能力，使用「先見林」中「如果把你過去這些年解決過的工作問題分成幾個大類，你認為是哪幾類？其中最難的是哪些？」，在應徵者回答的「最難的」問題類別中，同樣挑選和目標職位場景最為相似，或者最能展現解決問題能力關鍵行為的某一個類別，直接使用「STAR模型」發問「在這一類的難題中，近兩年中最占用你時間去解決的一次是什麼情況，當時的問題是什麼？」

如此應用，你可以嵌套進各種不同能力的考察中，比如學習能力、適應能力、協作能力、團隊建設能力等。

以適應能力為例，在「先見林、再見樹」後，你將能自信的講出類似下文的故事：

該應徵者有十年製造業供應鏈管理經驗，每三年左右都會因發展空間有限而離開上家公司，並在每次跳槽後都得到了職位上的晉升和職責的擴展。據此，我需要考慮現有職位和職業發展對其的吸引力，並進一步評估他的企業忠誠度。在適應能力上，他雖然十年中都在製造業，但先後就職的公司在企業性質、產品、文化上都有不同，在就職每一家公司時都需要適應、學習和調整，尤其最後一家，挑戰最大。

透過追問這個事件，應徵者能展現構成適應能力的關鍵行為，如根據工作的需要而改變人際和專業上的行為方式，樂於接受新的工作流程和技術並能保證工作效果，所以我評估其具備我們所需要的適應能力。同時，他在融入上家企業的過程中展現了良好的學習能力，能夠使用有效的學習方法，主動吸收新的知識、技能，並較快的將所學應用到實際的工作中去，促進了工作目標的達成。

對於在職場馳騁多年的應徵者，你不光可以用有效的方法高效收集資訊、更精準的評估，還能一石二鳥，用一個事件問出多種能力展現情況。現在，快去實踐一下吧！

08 過濾穩定度不足的人

為了填補關鍵職缺，你求賢若渴，之前錄用了好幾位候選人，都因為沒有達到職位要求而無奈勸退，最近終於迎來了一位能力不錯的新人。當你還在滿懷信心的計畫著對他委以重任時，他卻提出了離職，說這個工作和自己想像得不一樣，揮一揮衣袖，不帶走一片雲彩，只留下混亂且無奈的你。

回想面試過程，你可能會發現，你花了大量時間面試的，是應徵者能否勝任職位的「能不能」，而對於關乎著他能否長期留任的「願不願」和「合不合」，卻只是憑感覺籠統的了解、判斷了一下。在你的認知裡，「能做」比「願做」和「適合」重要得多。

事實上，人才的工作表現固然跟能力水準直接相關，但冰山下的「願意」和「適合」卻在深深影響著人才的工作滿意度和投入度，左右著他是否願意繼續留任的決策。

還記得本章第三小節的面試聚焦點模型嗎？本節我們就來談談「願不願」和「合不合」背後的動機與個性、價值觀如何影響候選人入職後的穩定性，以及在面試中可以使用哪些簡單、有效的方法去評估（可參考第二三二頁圖4-6）。

越喜歡，做得越好——願不願

求職動機可以分為外在需求（外顯動機）和內在需求（內在動機），前者代表應徵者的期待，為求職剛性需求；後者代表應徵者的喜好，為求職的穩定因素。

外顯動機包括常見對薪酬福利、晉升發展機會、企業前景、公司地點等方面的期待；內在動機包括對不同職位、任務的喜好程度，是自我驅動力的基礎。

當某個剛性需求被滿足，新的剛性需求很快會出現，因此外顯動機並不穩定。喜歡某種工作類型，會激發內在驅力，讓人想提升自我，讓能力和喜歡形成正循環，也就是越喜歡做得越好，做得越好越喜歡，所以內在動機比較穩定。而喜歡就像是上層需求，看中剛性需求的人才，也往往會逐漸過渡到更看重「我喜歡做」。

此刻，請回憶一下面試中你是不是常問這樣一個問題：「你為什麼應徵我們公司／這個職位？」這時，大部分應徵者會這樣答：

- 「貴公司發展迅速、前景良好，跟隨企業的發展能幫助我更快的提升自我。」
- 「貴公司福利待遇好、流程規範完善，希望能進入這樣正規的企業。」
- 「我在上家公司的職業發展遇到瓶頸，而加入貴公司更有利於我的職涯發展。」

過去聽到這些回答，你可能會一邊對照著公司現狀一邊在內心點頭，覺得應徵者的求職動機挑不出問題。現在你知道了，這些回答都是不穩定的外顯動機。外顯動機需要收集，它對應徵者的短期穩定性有作用，但同時，你也該重視作用更為持久的內在動機的探尋。

「喜歡」通常不會憑空發生，而形成於過往經歷的體驗。所以，探尋「喜歡」，需要從應徵者的過往工作經歷中進行挖掘。

- 「在你過往的工作職責中，哪些你更願意多花時間、經歷做，哪些不太願意？原因分別是什麼？」
- 「在過往的工作經歷中，做哪些任務會讓你自我滿足感較強，哪些任務剛好相反？各自的原因是什麼？」
- 「在帶領這個專案的過程中，如果可以選擇的話，哪些部分你願意親自做，哪些部分你更願意交給其他人做？原因是什麼？」
- 「在執行這項工作的過程中，你當時有什麼感受？」

根據應徵者的背景，選用以上一到兩個問題來提問，結合你的職位能夠提供的，你將能得到這樣一個應徵者喜好四象限圖（見左頁圖4-9）。

顯而易見的，你最希望應徵者落在「滿足」和「慶幸」象限，即應徵者喜歡的工作內容，恰好是你能提供給他的，他不喜歡做的也不需要他做，這樣便實現了雙贏；最不願落在的是「煩惱」象限，即應徵者天天做著自己不喜歡的工作，哪怕有能力做，也很難堅持；應徵者喜歡的工作，卻不能夠提供給他。這時，你需要能滿足他的剛性需求，也就是外顯動機裡的期待，不然，他容易在工作中感到不開心，很容易被其他機會吸引走。

個性、價值觀是否匹配——合不合

針對某個職位或某項工作，一個人有能力做且願意做，則代表他適合做。這是單純從做事的角度歸納，但大部分工作是由人與人的配合完成的，不管是上下級之間、同事之間，還是跨部門的協作。每個人有各自行為方式、不同組織有不同價值觀的追求，這就帶來了新人和他的關鍵合作人以及企業、團隊價值觀的融合匹配問題。

舉例來說，一位外招的專案經理，在帶專案的能力和意願上都不成問題，但新公司要求他在任何大小節點上都要層層彙報，多方達成共識後

▼ 圖4-9　應徵者喜好四象限

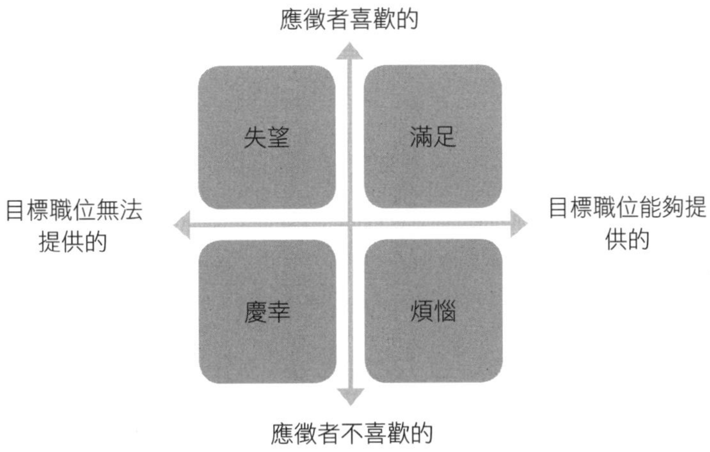

才能行動，這對於結果導向的他來說，會感到非常痛苦。再如一位新任經理，他對新變化傾向於深思熟慮規畫後再行動，但他的主管宣導敏捷，要求他快速決定、快速行動，這位新任經理此時的糾結、內耗也會不小。如果新人預期到這種矛盾會長期存在，那麼他們可能表面上看起來在正常推進工作，但其實內心已經動搖。

所以，那些「這份工作和我想像得不太一樣」的辭職理由，往往不是指工作本身，而是和人的風格、文化的差異相關。要確認應徵者在這的匹配度，需要先知己、再知彼。

先知己，要知的是這三點：

職缺涉及的關鍵協作人的多元化程度：協作人多元化程度越高，對應徵者的個性多元化要求越高。也就是說，一個經常需要跨部門打交道的人選，需要主動適應不同部門同事的工作風格。如果他的個性比較多元化，他的適應性就會很強；反之，如果他個性較沒彈性，就有可能只能跟特定類型的人打好交道。

作為直屬主管的你的工作風格：你需要決定應徵者是需要跟你互補，還是符合你的風格。比如，你自己雷厲風行，你希望對方敏捷的跟上你的節奏，還是沉穩、謹慎一些。

企業或者團隊的關鍵價值觀：這是組織內一群人的共識，也是落實在日常各項工作中的實踐。例如，「擁抱變化」是你團隊的關鍵基因，你需要對變革持開放態度的人才。

根據實際情況，你提煉了以上「知己」內容，現在就可以透過提問來「知彼」。個性、價值觀的傾向性是從認知反映到行動上的，所以同樣的，探尋它們也需要從應徵者的過往關鍵事件中提取。

- 「在推進這個專案的過程中，你跟哪些人比較容易溝通，跟哪些人溝通費勁些？原因是什麼？你是怎麼做的？」
- 「過去你經歷過的幾任主管是什麼風格？哪任和你配合得最好，哪任磨合最多？當時是什麼情況？」
- 「在你經歷團隊業務拆分的變革過程中，你扮演什麼角色？做了什麼？當時你有什麼感受？」

這樣詢問你就收集了應徵者在個性、價值觀傾向性的關鍵資訊。結合前面小節的內容，你將能夠對應徵者在能不能、願不願、合不合三方面做出完整畫像，對他的判斷也會更加全面且準確。同時能夠滿足有能力、有意願、合得來的「三有」應徵者，就是你的最佳人選（見圖4-10）。

▼ 圖4-10　「三有」人選

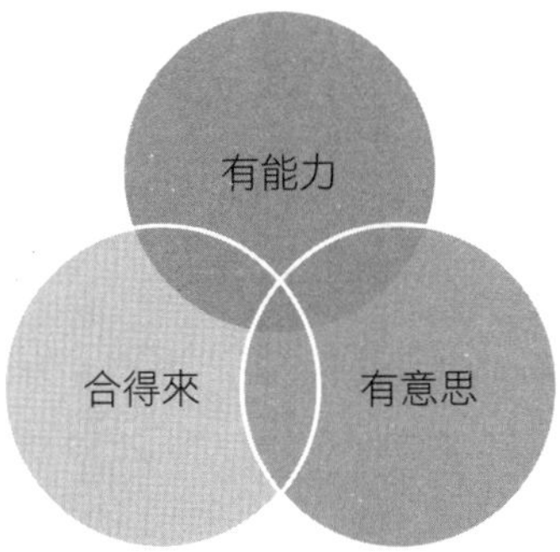

09 三種人，能力再好也不能要

建立了清晰的職缺標準、掌握了科學的面試方法，是不是就能做出正確的判斷，並篩選出合適的人才呢？不盡然。

一方面，職缺要求只侷限於職位本身提煉出的要求，而求職者作為個體，他本身是多元的、複雜的，在面試中會呈現超出你已經設定好的各種資訊；另一方面，當你面對多位應徵者，這種相互比較從中做出選擇的複雜度和多元性又會增強。

所以，除了對候選人在能力、動力和融合方面的判斷，你還需要一些關鍵的判斷依據來幫助你更有自信、有效的做出錄用決策。

這類應徵者，千萬別錯過

首先，第一項原則是「同類工作看能力」。

應徵者Ａ：過往從事同類工作時間長、經驗更豐富，但能力一般。

應徵者Ｂ：過往從事同類工作時間不長、經驗儲備一般，但能力較強。

一般來說，過往同類工作經驗越豐富，越容易在新的、類似的職位上上手。如果只有「經驗」這一個決定因素，那可以這樣推斷。但是當有了「能力」這個調整因素，決策的天平就需要向其傾斜。

這是因為不管目標職位和候選人過往的工作職責多麼相似，都很難完全覆蓋新職位帶來的變化因素，比如環境、資源、流程、挑戰。**應徵者是否能符合融合了變化因素的職位要求，靠的不僅是過往相似經驗的複製黏貼，更多的是可遷移的行為模式，也就是能力。**

所以，即便應徵者B在經驗上相較於應徵者A有所欠缺，但依靠已經內化了的溝通能力、解決問題的能力，可以更多元的處理新職位上的挑戰，同時在這個過程中快速的累積正確的經驗。

接著，第二項原則是「轉換工作看潛力」。

有很多求職者是跨行業來應徵新職位的，或者哪怕是同質性高的工作內容，也很可能出現原有職位和目標職位職責有許多不同的情況。雖然這並不妨礙你透過尋找關鍵事件來評估能力，但當兩位能力相當的候選人站在你面前時，誰在未來能更能勝任新工作呢？這時，就需要比較兩者的潛力水準。

什麼是潛力？**它是指一個人從現有的職位，轉換到另一個責任、挑戰不同的職位時，能夠成長、應對更大挑戰的能力。潛力所要應用到工作場景的關鍵字是「新」。「新」既表示不同，也**

表示更有挑戰。當人才還沒有到這個「新」職位上，你就沒法真正觀察他的勝任水準。這時，就需要看他是否具備「潛在的能力」，來幫助你預測他的準備程度，和未來上任後的勝任度。

基於這點，我認為最關鍵的潛力包括三點。

首先是「成就導向」。這一點更偏向動機因素，而動機決定著一個人對事物的投入度。應徵者是否追求成就感？是否視挑戰為成功的機遇？是否主動的發現改進機會，並主導實施？

其次是「學習敏銳度」。新職責、新挑戰，意味著要快速掌握新領域的知識結構、建立關鍵認知。應徵者在過往工作中是否具備從經驗中萃取精髓的能力？是否能觸類旁通、舉一反三？有沒有對新趨勢、新領域保持好奇心，並善於掌握其中的關鍵點？

最後是「適應力」。應徵者在面對挑戰時，是否能主動適應環境、挑戰自我，以克服挑戰並將其轉為目標？是否能與壓力環境共處，在高壓下持續展現穩定，甚至激發出超出水準的表現？

在成就導向、學習敏銳度、適應力方面都展現出潛力的候選人，哪怕在現有經驗和能力上尚有不足，也能在新挑戰中比潛力相對低的人更快的成長起來。

這類應徵者，千萬不要選

人才甄選中，不僅要怕錯過合適的候選人，更怕錯選了不該選的人。

首先，第一種情況是「選了價值觀不合的人」。

你一向信任部屬，但有天偶然追溯了其經常上報的資料來源，發現許多資料都是部屬自己編造的。對此，你感到不可思議，但對方卻沒意識到問題的嚴重性。即便你繼續留任他，也總是隱隱擔心以後對方提出的資料是否真實可靠。這就是價值觀不合的問題。

價值觀可以在應徵者入職之後進行塑造嗎？答案是，**價值觀可以增強，但難以塑造**。作為冰山模型的底層要素，價值觀是一種深藏於內心的準繩，是面臨選擇時的行為依據。在成人之前，價值觀已經形成，隨著社會閱歷的不斷增加，價值觀得到鞏固，所以它呈現穩定性和持久性。

你只能去尋找原本就認同公司核心價值觀的人，比如正直、誠信、雙贏，然後透過創造文化氛圍來增強這些價值觀。

而一個本身就不認為誠信有多重要的人，他不去做違規的事情，更多是因為評估了當下環境的風險度，而不是出於本能。當風險度變低時，你對他的行為是難以掌控的。

再來，第二種不利的情形是「選了忠誠度低的人」。

你是否見過「打一槍，換一個地方」的候選人？他們的履歷看似光鮮，一、兩年一跳，經歷的都是行業內不錯的公司，職位、薪水也水漲船高。

但當你問到離職原因，每次都離不開「職業發展遇到瓶頸」，一有更好的橄欖枝伸向他，他就毫不猶豫的選擇離開。當你請他評價他的老闆、談及他的同事時，他對他們評價不高，或用幾句「他們非常專業、團隊氛圍很好」等形式化的語言帶過。

一場面試下來，你只看見他做了哪些工作，卻看不出他和原有公司的連結。這樣的人選，通常對企業的忠誠度不高，對諸多老東家都不太忠誠，對新東家的忠誠度，也難有大幅度的提升。

薪水、待遇、職位、發展等利己因素是他們的主要動力，他們是被動的忠誠者。當這些因素發生改變，或有更好的機會時，他們很容易動搖。

忠誠度不夠的人才，會影響對工作卓越的追求和投入度，穩定性也堪憂。所以當面對這樣人選時，需要多問一些他做過的利他、利於企業的關鍵事件，謹慎做出錄用決策。

最後是第三種情況，那就是「選了界限過於分明的人」。

當你問到「之前的工作中有什麼地方讓你不滿意」時，有的應徵者會說，他不喜歡工作職責上有灰色地帶。

乍聽下，這種情況看似合理，誰都希望職責分明，團隊管理者也有責任建立清晰的分工。但當你回想日常管理工作時又能自然想到，整塊的工作職責可以做到分明，但在一些時間較緊迫的時候，或者是新任務的委派上，很難做到完全清晰。同事之間或部門之間有一小部分的工作交叉也是常見情況。

作為領導者，你更需要的是在緊急情況下能夠主動承擔責任的部屬，而不是告訴你「這不是我的職責，你應該找別人做」的人。界限過於分明的部屬，不光不利於團隊內部的合作，也會影響到跨部門的合作關係。

所以，在面試中遇到有界限相關觀點的應徵者，不要一味的站在他的角度幫助他合理化，而是去追問更多的細節。沒有行為細節的觀點是不能作為判斷依據的。透過追問什麼是他所謂的

「灰色地帶」，為什麼這對他來說難以忍受，之前發生過什麼具體的事件，判斷他的界限情況，以及是該為他合理化，還是不予接受。

選對人不容易，選對人的決策又如此重要。作為用人經理，掌握更好的方法、工具，能幫助你更加方便的評估候選人，而為了提高選人決策的準確率，還有幾個關鍵手段將在本章最後這一小節展開。

10 留人，就像追女生

一直遇不到合適的候選人固然讓你著急，但最鬱悶的還是好不容易面試到想要的人才，耗費九牛二虎之力走到最後的環節，對方卻拒絕了你的邀請。無論他給的理由是「接受了更適合的機會」，還是薪酬職位沒談攏，都說明這其中有期待的差距。

還記得應徵者在決定是否加入一家公司時最先考慮的五個面向嗎？從接觸這家公司開始，應徵者便會在心中不斷評估自己的期待是否能得到滿足。在這個過程中，公司在網路上呈現的資訊、人力資源部傳遞的內容、實地來到公司後了解到的環境與人際體驗，已經初步奠定了他為這份工作打出的分數，而讓其做出加入與否的最關鍵因素，還是源於未來的主管，也就是你。

假如你遇到心儀的女孩想展開追求，如何才能俘獲她的芳心呢？只需要做到三點：首先，讓她感受到你對她充滿好奇心，想認識她的一切；再者，了解她的所想所需，對她有求必應，甚至滿足對方沒有說出口的期待；最後，向她展示自己值得被選擇。

同樣的，在吸引人才時，作為最關鍵角色的你想要抓住人才的心，只需要做到這三句話：

「我對你感興趣」、「我對你很重視」、「你選我很值得」。

我對你感興趣

首先，你必須認真了解候選人背景。你必須先唸對應徵者的姓名，並在面試中適時的稱呼他的名字。儘管你的管理工作繁忙、會議連著會議，到了面試現場，當著對方的面磕磕絆絆的把他的名字唸出來，還唸錯了，你尷尬，他也對你好感盡失。想要了解一個人更多的經歷，先要認識他，知道他是誰。雖然看上去一個姓名實在沒那麼關鍵，但對應徵者來說，感受到尊重是從你的第一聲招呼開始的。

提前熟悉對方的姓名，遇到生僻字快速查一下，保證在問好時，堅定有力的說出對方的名字，甚至可以跟他開個玩笑，說候選人讓你多學習了一個生字，你是在見面前特意查詢的。這樣，不光一下子拉近與對方的距離，他也會感受到你的重視。

無論哪個人，都有得到別人認同、被人尊敬的欲望，心理學將這一情況稱為「承認需求」。當你直呼候選人名字時，他的這種被承認的需求可以得到一定程度的滿足。在面試的場合下，多數應徵者會覺得自己處於相對弱勢、被動的位置，而你適時的多以其名字為開頭來展開提問或對話，能讓對方產生平等感和獲得感。「謝謝你詳細的描述，×××（應徵者姓名），我還有一個相關的問題想詢問你……。」

提前仔細閱讀應徵者簡歷，用已知問未知。常說人力資源部面試官只用幾十秒就能篩出一份簡歷合不合適，但可不要誤解這種說法的用意。人力資源部篩選大量簡歷時，為的是更快速的按照關鍵要點，把不合適的簡歷淘汰出去，而當你面試時，是為了在符合簡歷要求的人選中擇優，因此需要好好的閱讀。這樣做既能讓面試提問更有針對性，也能建立你與應徵者間的連結。

透過簡歷中可以輕易獲取的資訊，結合你對應徵者的了解提問，對方的感受會很不一樣。你可以試著感受一下：

- 「請對你的工作履歷做一個整體的介紹。」
- 「我從簡歷上發現你在上一家公司工作了近十年，期間橫跨過採購、生產等多個職能，你可以就這十年職業經歷，做一個整體回顧嗎？」

如果你是應徵者，哪種提問讓你感受更好呢？

接著，請耐心傾聽應徵者說話。雖然你是面試官，是整場面試中帶節奏的人，但真正的主角應該是應徵者。有時，對方沒有答在點上，你想打斷他；有時，你認為他的觀點與你的不符，你想糾正他；有時對方的回答只有隻言片語，你想讓他補充。這些狀況雖然常見，但你必須掌握好節奏與分寸，避免一場面試變成你滔滔不絕而對方在旁聽的對話。否則，不光難以透過應徵者的回答，收集到充分且有效的資訊，還會讓對方覺得你關注的不是他，而是自己。

你需要透過候選人的表達對他進行評估，同時對方也需要透過你積極的傾聽、來確認自己的存在感。多以「你」為開頭，以「然後呢」、「還有呢」追問，以問句結尾。當對方沒有表述清楚時，以「不好意思，剛才這段能再描述清楚一些嗎？」來請他用你更期待的方式重述。多與對方進行眼神交流，伴隨他的回答，適時的用「嗯」、「了解」和點頭示意，來讓對方感受到你一直在跟著他的話語。當候選人被真正聽見，他會用更加真誠的態度來回應你。

我對你很重視

首先，迅速回應候選人已有的需求。優秀的人選相較於普通人選更加了解自己的求職需求，也會在招聘流程中更全面的去了解、澄清自己的問題，以幫助自己做出更好的求職決策。當他有疑問時，無論是向人力資源部的面試官還是向你提出的，盡快的給他回應，這樣既能夠即時打消對方的疑慮，也能表達對他的重視。

這時，一方面可以針對過往面試應徵者的經驗，將他們的常見問題進行總結，在對方有此疑問時當面給出解答；另一方面，當應徵者提出了新問題，也要認真的思考，即時給他回饋，哪怕是一些在你看來並不重要的問題。

當人力資源部向你推薦候選人時，詢問人力資源部應徵者曾提出什麼問題，與面試官是怎樣回答的。隨後，在你的面試中，可以主動把話題接起來。比如，「我了解到之前你在和人力資源部的同事溝通時，對這個職位的績效評估方式有疑問，我願意詳細為你解答一下，你能先說說自己如何關注到這個問題嗎？」

有時，在面試中應徵者提出了新問題，你可能需要一些時間確認好再回答。這時，感謝對方的提問，跟他約定面試後多長時間你會透過什麼方式回覆他，然後真正的做到，讓應徵者從小事上就感受到你是一位可靠的主管。

再者，站在候選人的角度提供個性化支援。當你招聘的是每年都會新增人才的職位，並且公司的各項流程、福利都比較完善時，你可能會為已經設立了標準化招聘流程和融合方案而自豪。搭建標準化的通用流程固然非常重要，但更能夠打動應徵者的，是在標準化基礎上的個性化支持。也就是說，要針對不只是作為整個候選人群體的「他們」，還有作為個體的「他」。

有的應徵者跨行而來，對於能否盡快熟悉新領域、上手新工作有顧慮，你可以在他入職前提供一些學習資源，並將培訓計畫發給對方，邀請他參與，一起探討如何透過計畫使其更加適應。

有的應徵者第一次切換企業性質，比如從外商來到本土企業，他可能不確定自己是否能適應企業文化。這時你可以在他入職前，安排他與團隊的同事見面，邀請其參與團建活動，提前感受團隊對他的歡迎。

你選我很值得

請記住，要先讓應徵者了解加入能帶來的收穫。想讓對方真切的感受到這份工作值得加入，需要你對公司和這個職位能夠為他帶來的好處了然於心。

一方面，應徵者的五個關心點是個不錯的出發點，從這個工作適合他的地方、對他職業發展的機會、更有競爭力的薪酬等方面去打動他。

另一方面，你的個人體驗的分享會更有說服力。用說故事的方式說說自己加入這個公司後得到了什麼收穫，比如契合的價值觀、高階主管的遠見、豐富的學習資源與機會，這些能讓應徵者在認同公司的同時，也對你有更多的了解。

再者，請留意到「平衡收穫與挑戰」。做到第一點，你已經為對方傳遞了一系列積極的資訊，幫助他建立加入的信心。不過，**一味的表明好處是不夠的，本著對其負責，也從降低錄用決策失誤的風險角度出發，還需要同時跟應徵者講清楚，他在新工作中可能會面臨的挑戰。**

例如，更頻繁的出差、切換行業後的適應期、績效考核目標的高要求等。在描述可能遇到的挑戰的同時，賦予你對他的建議和你能夠提供的支持，**讓對方對收穫滿意、對挑戰有預期、對勝任有信心。**

帶人高手重點筆記

遵循核心原則，讓選人這件事從大方向上就保持正確

- 成功的選人＝合適的標準×主動且具針對性的吸引×科學的甄選方法。
- 選合適而非最好的：既要規避不切實際的「最好」，又要警惕尋求安全感的「小一號」傾向，然後在兩者之間定位到「適合」的人選。
- 重視主動吸引的力量：根據應徵者的五大求職關注點，主動做出吸引動作，增加人才選擇你的傾向，也為人才加入後和你高效配合工作，打下最初的基礎。
- 使用科學的甄選方式：選用更加有效的識人手段，將傳統面試法轉變為行為面試法，從而更精準的預測應徵者未來的工作表現。

建立人才畫像，為招聘決策提供有力支援

- 使用「3W1H法」創建人才畫像，透過梳理職缺「為什麼」、「做什麼」、「和誰合作」等關鍵資訊，彙整職缺責任，再透過確認「如何做成」得出人才畫像。

- 通過「冰山模型」解構人才畫像：按照冰山模型的六個元素一一分析職缺要求的知識、技能、能力、個性、價值觀和動機。
- 同一時期內招聘相同職位，要用同一把人才畫像的「尺」，來衡量每一位應徵者。

掌握科學的面試方法，提高選人效率和準確度

- 無論是基層或高階職位，你只需要關注應徵者的三個面向：能不能、願不願、合不合。三者交會，就是適合的候選人。
- 分清應徵者所回答的，是經歷還是經驗、是經驗還是能力、是能力還是動力，只有區分清楚才能做出正確的評估。
- 精準識人的基石在於提出有效的問題，請熟練運用「舉個例子＋STAR模型」的提問框架，深入了解應徵者的實際能力水準。

第五章

留才，人在心也在

01 新人的前三個月是關鍵

作為管理者，你是否經常遇到這樣的情況：好不容易招來新人，有的不到三天就離職了；有的經過了一段時間的培訓和磨合，工作表現開始穩定起來，你以為新人已經逐漸融入了團隊，沒想到還沒過三個月又義無反顧的要離開。他們沒有提出明確的理由，也沒有提前向你透露自己的離職打算，這讓你感到困惑和無奈。不禁問自己：這些新人為什麼會這樣？是對工作不滿意，還是公司的福利待遇不夠吸引人？又或是他們對自己的職業規畫不夠明確？

員工離職時通常不會跟直屬主管透露真實的原因，而是使用諸如「要回老家」、「決定考研究所」、「找到新的工作」等無傷大雅的理由。不過，當他們面對人力資源部的訪談或填寫離職調查時，真實的感受往往會浮現出來。

具體可能有如下回饋：

- 「這幾天過得太壓抑。我來了三天，除了櫃臺同事跟我打招呼，竟然沒什麼人跟我講過話。那些老同事倒是很熟絡，彼此交流得很融洽，唯獨形單影隻的我不知該如何融入。」

- 「我不知道找我來做什麼，來了兩週，每天都被安排一些臨時任務。」
- 「這與我在應徵時的期待完全不一樣，我希望工作生活平衡，下班後好回家照顧孩子，可是來了以後沒有一天能準時下班的，還被安排出差。」
- 「這份工作的要求比我想像的高。作為跨行業跳過來的人，我沒辦法這麼快就有產出。」

根據這些林林總總的真實感受，不難發現它們反映的問題：

- 對新人的關懷和歸屬感建立沒跟上。
- 缺乏清晰的職責界定，或者沒有溝通到位。
- 入職前的預期，與入職後的真實情況落差大。
- 管理者的追蹤與輔導沒到位。

新人通常需要九十天來證明自己在新職位上的能力，同時穩固長期留任這份工作的決心。**他們在新職位上越感受到被歡迎、越認為自己準備充分，就越能快速的實現其價值、有效發揮能力，並且越堅定的認同新工作與自己的合適程度。**

對於初來乍到的新人來說，上述這些問題猶如在原本就彷徨不定的心態上，再潑冷水。那麼，作為團隊主管，如何用系統性的方式搭建好新人的入職體驗，讓他們順利度過搖擺期？

美國人力資源管理協會（Society of Human Resource Management）的入職管理研究模型回答了這個問題。你可以透過甄選、自我效能、職責清晰度、社交融入度、企業文化認識程度五個面向來促進新人的成功入職與留任（見下頁圖5-1）。

・甄選：在招聘環節中進行一系列溝通、宣傳，以達到管理應徵者期望目的。
・自我效能：企業提供正式且完善的入職培訓，或者較為詳細的培訓計畫，以幫助新員工擁有順利前進的信心。
・職責清晰度：指新員工對其職位職責和要求的理解程度。
・社交融入程度：指新員工需要在企業這個社交環境中，感受到被認可和接受，企業需要形成相應的流程和制度以確保在社交融入度上，給予其一定的關注度和支援。
・企業文化認識程度：員工的行為準則，不僅包括企業的價值觀、願景，也涵蓋了企業內部大大小小的規則和制度。

對團隊管理者的你來說，這五個方面如何能更有效落實呢？

從甄選著手

以下是甄選階段應留意的幾項原則。

把握選拔權。有時候，你因為工作繁忙或要招聘的職缺屬於基層，選擇不參加面試，將選拔的權利交給人力資源部門，或者指定

▼ 圖5-1　入職管理研究模型

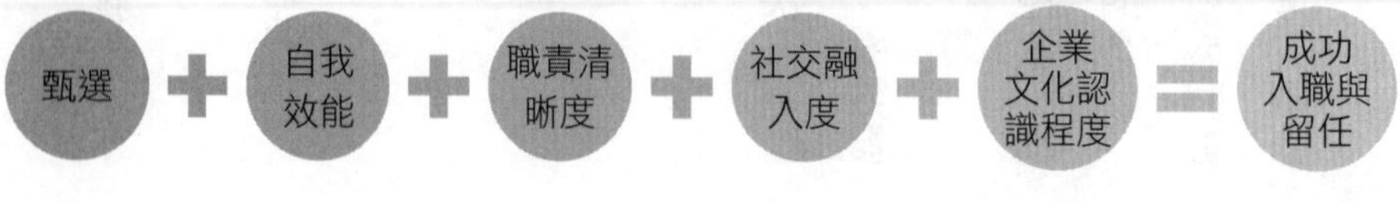

團隊中某位資深同事，代替你參與面試。這看似節省了時間，卻很容易留下問題。其中原因有三：

- 作為團隊主管，只有你對要招聘職缺的責任和要求有最清楚、全面的理解。
- 只有你具備最有效的人才評估和任用決策能力。
- 在面試中，你能起到人力資源部或其他團隊同事起不到的作用。比如：建立和未來新人的初始信任，以及下文會提到的關於工作內容與挑戰的澄清。

所以，把握你的選拔權是保證有效選拔、協助新人穩定的關鍵第一步。

詳盡介紹工作內容。對新人來說，新的工作內容與其過往經歷存在三種差距：

- 曾經做過類似工作。
- 跨行跨領域應徵新職位。
- 從未有過相關的工作經歷。

無論是哪一種，差距大或差距小，不同的公司，都不會存在完全相同的工作。所以，首先需要提醒自己避免想當然的認為差距不大，因而誤認為無須解釋太多新工作的內容。其次，在介紹工作內容時，既需詳盡，又需站在新人的角度採用對方更能理解的方式表述，如舉例子、做示範、邀請參觀，或請對方複述自己的理解。

清楚說明工作挑戰。你可能擔心在招聘時就把挑戰擺在檯面上會嚇退應徵者。但會被嚇退的人，無論是在面試中還是在入職後，都會選擇離開。而後者更會對雙方造成更大耗損。事實上，一個成熟的應徵者會理解新工作存在挑戰和風險這一情況，**影響他穩定性的因素不在於能否應對，而在於是否提前了解，並給對方機會做權衡，是否做好心理和行動的準備。**

因此，關於挑戰，你可以考慮從以下幾個方面向其進行解釋：

- 工作的複雜度。
- 上手時間的緊迫性。
- 加班、出差的要求。
- 工作壓力的來源。
- 工作指標的要求。
- 團隊所宣導的價值觀特點。
- 團隊成員的特點（尤其對於甄選管理職的人才）。

提升新人自我效能

讓新人產生自我效能感，其實就是讓他有「我能做到」的感受。而這種「我能做到」的自信，來自在新職位做成事的實際經歷。一個新人能做成事，除了他的主觀努力，更需要客觀條件的支援。推薦你提供的支援包括：

- 制定清晰、循序漸進的培訓與學習計畫。

- 指定耐心且有經驗的資深同仁，帶領新人度過整個學習週期。
- 在培訓節點為新人安排合適的小任務，讓他在學中做、做中學。
- 安排新人與你的週期性學習、工作進展彙報。
- 請新人在團隊中展示他過往經驗、新職位上推進的任務，提升他在團隊中的威信。

為他釐清職責內容

如果在招聘階段，你已經為他詳述過新職位的工作內容，就已經做了很好的鋪墊。在新人入職後，這項動作要再次啟動，必須確保對方有更完整的認識，並即時了解他的問題。要做到職責清晰傳遞，其實是在解答三個問題：

- 做什麼，即「職缺責任」。
- 如何能順利達成，即「職位要求」。
- 現階段應該做什麼，指的則是「工作安排」。

前兩點不必多說，使用已制定的職位說明書向新人解釋就好，這也是大部分情況下管理者會做到的。

問題在於，新人的不安感往往源於第三點的缺失。為了避免對新人的工作安排呈現出走一步看一步的狀態，提前考慮好新人在入職第一年內，不同時間段的工作職責安排，是非常重要的。

例如，頭兩個月是學習培訓階段，三到六個月進入某專案進行支援，後半年全面接手專案管理。這樣，部屬會對自己的工作重心和安排有預期，既有安全感，又可以有針對性的做準備，同時還能感受到他的職位價值在哪裡。

協助新人融入團隊

新人加入公司，不光是為了謀求一份適合自己的工作和報酬，更是為了尋求和一群價值觀契合的人融洽的共事。從歸屬感的需求來說，新人剛加入一個團隊的最早期時光是最需要歸屬感的。**我受不受歡迎？有沒有人與我交談？是否能交到朋友？我合不合群？有問題該找誰幫忙？這些都是新人會在意的問題。**為了幫助他們建立歸屬感，需要在一開始就做好兩手準備。

第一手準備：配備夥伴。新人除了有主管關注他是否勝任、有前輩關注他成長，還需要一個重要角色——夥伴。夥伴的作用是在非直接工作領域為新人提供即時支持，並創造新人與團隊內或其他部門同事建立更多非正式交往機會，幫助新人快速的融入新環境。

可以說，夥伴是新人在公司的第一個朋友，所以在選擇夥伴時，要挑選適合這個角色的同事來擔任：

- 資深員工，對公司的規章制度、福利政策、部門內外的同事都比較熟悉。
- 善於溝通，同理心強，有助人心態。

•認同公司文化和團隊目標，心態正向。
•個人績效中等以上。

第二手準備：號召團隊支持。有了夥伴的關懷，新人還需要感受到所在團隊的溫暖。團隊成員平時埋頭做自己的工作，可能不會主動關注新人的加入，所以需要你的號召，激發大家配合。

•新人加入前，可以提前向團隊介紹對方的背景資訊。
•告知大家新人的入職時間，提醒大家有機會就主動與對方打招呼。
•請大家留意其需求，如發現他需要幫助，盡力提供支援。

說明公司的文化與理念

每個企業或團隊都有自己獨特的文化，有些是明文呈現的，有的是大家經過多年的默契建立的心照不宣的價值觀。對於新人來說，越早了解團隊支持哪些行為、不鼓勵哪些行為，越能盡快的體現團隊宣導的價值觀。

你可以透過和新人的一對一談話，或者在他的日常工作中捕捉機會，分享這些文化。例如，你可以跟新人這樣說：

•「公司對品質的要求很高，所以出手的工作一定要反覆確認，確保準確。」
•「團隊鼓勵創新。作為新人，歡迎帶著新的視角識別團隊可改進、創新的機會。」

- 「團隊以目標為導向，不拘泥於過程中使用方法的多樣性。」
- 「團隊合作非常重要，所以即時提供支援、分享經驗心得都是團隊鼓勵的行為。」

02 離職前絕對有跡可循

若與部屬的上下級關係足夠深入、穩固，你會知道部屬有沒有離職的想法，什麼原因會讓他決定離開、何時會離開。而現實中，面對部屬的離職申請，你往往會覺得意外，有時候甚至壓根沒想到他會走。有時你觀察到蛛絲馬跡，但沒想到他真的這麼快做了決定。

除了突發狀況，比如健康、家庭等一些特殊因素，一個成熟的社會人士從起心動念到真正下定決心離開，總會經歷一段醞釀期，短則幾個月，長則兩、三年。

每當我為即將離職的同事做離職面談時，談及離職原因，我總會先這樣問對方：「你從什麼時候開始，產生了想要離開的想法？」以識別他是衝動離職，還是醞釀許久做出的決定。九五％的情況是，聽到這個問題，對方都會停頓一下，想一想，然後告訴我其實已經考慮很久了，很多都是將源頭一下子拉回半年前。其中有些員工是當時就打定主意，一到某個時間點就正式提出申請，另一些是後來發生了某個催化事件，最終做了決定。

無論是哪一種，都代表對大多數員工來說，離職不是一件衝動而為的事。那麼對於管理者來說，時間就是機會。在部屬的醞釀期，如果善加干預，他很有可能不會走，或者即便會走，你也能更早知道，提前做好準備。但如果等到部屬正式提出，就已經失去先機且非常被動了。

所以，留住人最好的方法，不是在部屬產生了離職想法或決定離職時再去干預，而是未雨綢繆，在他離職念頭的萌芽期，甚至還沒有產生想法時，就用態度和方法提升部屬的穩定度。

想要未雨綢繆，需要抓住兩個關鍵時機：部屬剛入職的談話時，以及與部屬進行例行留任面談時。

時機一：入職談話

雖然招聘期間你已在面試中了解過對方，但當他加入團隊後，仍有必要盡早透過一對一面談，加深對其認識。這時，你們不再是互相評估的「你」和「我」關係，而是變成了要長久在一起共事的「我們」。**在面談中，透過提問，既能達到了解新部屬的目的，也能讓對方感受到你從他入職起就重視他的長期留任，並為此付出精力與時間與他溝通。**

面談可以由三個部分組成。

首先，第一個部分是「開場」，即對其表達歡迎與重視。

「小李，非常高興你能夠加入我們的團隊。為了幫助你盡快融入新環境、新工作，我已經幫你制定了詳細的培訓計畫。接下來，我會陸續的和你約時間溝通計畫，進行培訓。在此之前，我還想花一些時間再多了解你一些，這能幫助我協助你在新工作中，找到最好的狀態。雖然在面試時我們也談了不少，但當時時間有限，你一定也有些壓力，所以今天我們來次輕鬆的對話，也歡迎你向我提問。」

接著，第二個部分是面談的主體，也就是詢問對方情況。

了解選擇動機：

- 「接到我們的offer（錄取通知）後，你做了哪些考慮，最終決定接受呢？」
- 「整個求職過程中，最打動你的是什麼，讓你最終決定加入我們？」
- 「據我了解，除了我們的offer，你手上還有另外兩間公司挺不錯的offer。你後來是怎麼權衡的，最終選擇我們公司呢？」
- 「拒絕另兩家公司時，你們怎麼溝通呢，他們也挽留你了吧？」

了解家庭支持度：

- 「做這個決定時，你和家裡人是怎麼商量的呢？」
- 「你的家人對你的決定是什麼態度呢？他們有評價過你的選擇嗎？」

確認偏好與期待：

- 「你對這份工作有什麼期待？什麼對你來說特別重要？」
- 「對於適應新環境、上手新工作，你自己有什麼計畫和目標嗎？」
- 「如果由你來選擇，這個職位上你最想從哪部分開始做？哪部分希望往後一些安排？」

- 「你希望我如何協助你的工作？」
- 「你希望我提前了解哪些部分，讓我們能配合的更好？」

理解其顧慮：

- 「從面試過程到現在，你有發現什麼讓你顧慮的地方嗎？」
- 「截至目前，你對新的工作或環境有什麼困惑的地方嗎？」

最後，在面談的結尾，和對方表達感謝和期待：「謝謝你的坦誠交流，透過今天的溝通，我更加了解你了，也一如既往的對你有信心，相信你能在新工作中有更多的成長和收穫。希望接下來我們能延續這個好的開始。有任何可以協助你的地方，歡迎隨時找我。」

時機二：留任面談——讓部屬知道「我對你的在意」是持續的

留任面談（Stay Interview），相較於有滯後性的離職面談，是一種在部屬在職期間，透過例行面談了解部屬工作狀態、獲知驅使部屬留任原因、預測離職傾向的溝通方式。它是種具前瞻性的干預手段，幫助你在力所能及的範圍內，將部屬的離職風險降到最低。

留任面談是針對你所有直屬部屬，每年固定一到兩次，透過一對一面談的方式，按照一定的結構與其進行交談。

一場完整、有效的留任面談可以分成四個部分。

首先，在開場時，需要對部屬表達認可，澄清談話目的：「小李，過去這個階段辛苦你了，你手上三個專案進行得很有效率，相信在這背後，你一定付出了很多我沒看見的努力，克服了很多的挑戰。今天，我想拋開工作推進本身，了解一下你在這段時間的體驗和心聲，幫助我知道可以在哪些方面支援你。」

第二，主體部分，透過結構化提問，了解部屬的留任意向。你可以將以下四個類別、十二個問題，完整應用在面談中，也可以視情況靈活調整為更適用於你們的場景。

了解對方整體工作體驗：

- 「如果請你從一至十分中，選擇一個分數，為過去半年你的工作體驗評分。一分最低，十分最高，你會打幾分呢？」

識別留任驅動因素：

- 「剛才你打了×分，是哪些因素讓你打出這個分數的？」
- 「在其中，或者是你能想到的其他某些地方，是什麼讓你願意留在這裡工作的重要原因？你能按照對你來說的重要程度按順序，排出前三點嗎？」
- 「他們之所以對你重要，原因是什麼？」

識別激勵留任的可能措施：

- 「在工作過程中，有哪些因素讓你少給分數呢？」
- 「在目前工作中，你遇到了哪些挑戰和壓力？我們可以考慮哪些解決措施？」

- 「你對提升能力，有什麼想法或期待嗎？你最近對什麼領域感興趣？是否有我可以協助的地方？」
- 「你對未來的職業發展有怎樣的期待？有什麼困惑或問題？為了達成你的目標，你做了哪些行動，希望我提供什麼支援？」
- 「你和同事、客戶相處得如何？有需要幫助的地方嗎？」
- 「這段時間家庭給你的支援充足嗎？是否有來自生活上的挑戰和壓力？」

識別引發離職傾向的可能因素：

- 「你曾經考慮過離開公司嗎？是什麼讓你產生了這想法？你現在如何看待這個想法？」
- 「發生什麼樣的事情，你可能會選擇離開？」

最後，結尾部分，請表達對面談者的感謝：

- 「小李，根據剛才你談到的在發展上的期待，下週我會跟你約時間，談一談如果要發展到下一級職位，有哪些具體的要求，看看你的提升機會在哪裡。我也可以協助你規畫一個發展計畫，支援你向目標靠近。」
- 「感謝你坦誠的和我聊這麼多，這些資訊對我來說非常重要，也希望你能夠感受到，你對我還有團隊都很重要。接下來有任何困惑或需要支援的地方，歡迎隨時找我。」

在面談結束後，請記錄關鍵的談話資訊，預測部屬留任意向度。作為每半年一次或每年一次的例行談話，請即時進行記錄。這能讓你不時的回顧對方情況，清楚對不同的部屬需要採取的保留措施是什麼。同時，當你與其再次進行留任面談時，能夠帶著之前詳細了解過的資訊和他們談話，這會讓部屬真切的感受到你重視他，而不是需要對方把說過的事情再複述一遍。

此外，留任面談最重要的目的就是評估、預測部屬的留任意向。談話後，根據最新鮮的記憶，立刻對其做出預測，這將能幫助你在多名部屬間排列保留舉措的優先度，即時、有針對性的採取措施。記錄與評估可以分為以下幾個方面：

- 該部屬最看重的三點留任因素。
- 可能影響部屬離職傾向的一到三點原因。
- 部屬目前的工作滿意度水準（高、中、低）。
- 對部屬繼續留任時長的預測。
- 與部屬達成一致的行動方案。
- 你考慮到的針對該部屬的其他補充保留方案。
- 下一次和部屬跟進行動方案的時間。

03 他是一時衝動還是心意已決？

夜深人靜，你正打算休息，得力部屬突然發了一則訊息給你。你心想這麼晚了能有什麼事，一看消息，心中立刻警鈴大響：「主管，明天一早到公司後，我想占用你一點時間，跟你說件事。」你馬上警覺的問：「什麼事啊？」他卻不想直說：「明早說吧，還是當面說比較好。」你心想，今晚肯定睡不好了。隔天，當你見到部屬，果然他一來就告訴你：「不好意思主管，我決定離職了。」

挽留核心部屬的重要邏輯

核心部屬突然請辭，是每位管理者都不願面對的情景。聽到這個消息，因一時無措或留才心切，你可能會出現以下三種本能反應：

缺乏章法的挽留：刨根問底挖掘部屬離職原因，想盡各種辦法試圖滿足他的需求。

默認結局：認為部屬是很成熟的社會人士了，既然提出來，一定是做好了開弓沒有回頭箭的準備，挽留也沒用，不如順水推舟，好聚好散。

負氣行事：你想起平日待他不薄，關係也可用非常信任來形容，他卻沒對你透露任何打算離開的信號，你覺得臉上無光，甚至有些生氣，於是不打算積極挽留他。

可是，這些本能反應只會提升你流失人才的風險，甚至做不到好聚好散。冷靜下來，你還是會認知到：

- 一位核心部屬的工作效能，至少能頂替三位普通的部屬。
- 核心部屬是你團隊建設的重要部分，甚至是你的接班人，突然缺失這重要的一角，你需要花大量精力、時間重新整理團隊。
- 核心部屬往往在團隊中是具有關鍵影響力的人，你對他離職所採取的態度、行為，其他成員也看在眼裡，不當處理會影響士氣，甚至讓團隊成員感到失望。

所以，核心部屬的請辭，是關係到你、其本人、團隊三方的重要事件，應對時建議堅守三個原則：

立即干預：立刻表明你的重視態度，盡快並盡量採用面談的方式，了解部屬請辭的詳細情況，這是最為關鍵的一步。有時候，你可能因為正有重要任務在身，於是向部屬傳遞了自己現在無法即時關注他的訊息，「我這幾天都在客戶這邊出差，等我下週三回去我們再說」。部屬也許表示理解你，但心裡只會更加堅定要離開的決心。

保密：在確認離職這件事拍板定案之前，應將部屬要離開的訊息縮小在最必要的範圍內。有時你出於焦慮、惋惜或者無措的心情，很快就將這個訊息擴大了範圍，透露給別的同事，比如你比較信任的部屬、和你關係不錯的其他部門的同事。然而，知道的人越多，對方就越沒有回頭路，原本能留下，也因為事已至此，只能離開了。

識別請辭的類型：注意這裡強調的是「請辭類型」，而不是「離職原因」。這是因為，離職原因不外乎薪酬、發展、平衡、壓力、家庭，或部屬沒有言說的其他因素。過於或只關注辭職原因，會容易陷入為了原因而想辦法滿足期待的保留做法，但這種做法常常是有限的，比如薪酬不能僅考慮部屬的期待，就在短時間內給予高漲幅。同時，這種做法往往留得了一時，留不了長久，也就是只留人，未留心。

面對核心部屬的請辭，管理者的站位不是站在部屬的對立面上談條件，而是和對方站在一起，幫助其為職業生涯的重要抉擇時刻，做出正確的決定。

剖析核心部屬的請辭行為

核心部屬的請辭包括以下三種不同的類型：

一時衝動型：這種類型的判斷訊號，是突然裸辭。部屬原本並沒有離開的想法，但突然有誘發事件刺激了他，引發了他的激情請辭。這種誘發事件通常是因為突然碰壁或發生衝突。

能動搖核心部屬留任心態的人往往是身邊的權威人士，通常與作為直屬主管的你，或者公司內對他有影響力的其他關鍵人士相關，比如高階主管、關鍵合作夥伴等。

而在這其中能真正誘發其做出離職決定的，大多數還是和直屬主管的配合問題。如果部屬不久前剛和你起了衝突，或是他自覺被傷了自尊，就很有可能因突發的負面情緒做出離職決定，特別是裸辭。

如果確實如此，你可以透過以下三種方法化解部屬怨氣，使他回心轉意。

第一種方式是冷處理。如果部屬平時比較冷靜成熟，只是這回在衝突事件中有些過於激烈反應，當他提出辭職時，可以先穩住他的情緒，不急於勸留，也不就事論事的擺事實講道理，而是請他暫時擱置辭職決定，給他時間回去再消化情緒。

當他的情緒逐漸平復，會有能力更客觀的看待當時的衝突，也能更理性的評估，辭職對他來說是否是一個正確的決定。

「這段時間你工作壓力大，也該放鬆了。去休一週假吧，回來後我們再談這件事。」

第二種方法是「推心置腹」。如果你判斷部屬並不能透過自我消化的方式理性決定，那就有必要和他就當時的衝突坦誠的談一談。這時你的真誠態度尤其重要，向他講述你當時的想法、顧慮，為何有那樣的決定或行為，以期待他的理解。當部屬感受到你的尊重與坦誠，也會更願意坦誠回應你，說出自己的想法和感受。當委屈、不滿被你看見並包容，誤解或抗拒情緒也就煙消雲散了。

第三種方式是給對方臺階下。有時，難免因為你的處理不當造成了對部屬信心、自尊心的挫傷，或者各自都有不對的地方。這種情況下，一味等待對方回心轉意往往是不可能的。如果懷著惜才之心和自我反思的態度，誠懇的向部屬道歉，徵得他的諒解，並表示願意在未來類似情況下調整自己的做法或態度，相信作為一個過往跟你並肩作戰的核心部屬，會感受到你的誠意。

糾結不定型：這種類型的判斷線索，是部屬提辭職時會用到「其實……」的句型和你對話。

「考慮決定的過程中，其實我也很不捨。」

「其實我家人也不理解我的決定。」

「其實我也有一些擔心。」

之所以糾結，往往是因為他的離職動機源於以下情形：

- 得到好的機會。部屬突然得到了一個好機會，讓他原本平靜、穩定的心泛起了漣漪。好機會有可能是獵頭推薦的新工作，新工作可能有更高的薪酬、承諾給他一個更被器重的職位；有可能是朋友拉他一起創業做案子，美好願景的描繪讓他心動不已。但同時，他對目前的工作並沒有什麼特別不滿意的地方，而這個新機會又充滿了不確定性。
- 職業倦怠。部屬已經在現有職責領域工作多年，雖然依靠他優秀的工作能力和責任感，其工作一直完成得很讓人放心，但其實，他對這份工作的動力和意義感在逐漸降低，他甚至對離職後的未來職業沒有明確的期待，而是更關注於透過換一個環境來改變目前的狀態。他自己也不確定換一個環境是否就能讓他找回狀態。

有糾結，其實就有對目前工作的期待和留戀。以下兩種方法，可以幫助部屬做一個更理性的決定。

首先是「分析利弊」。當面對充滿不確定性的工作機會，部屬是非常需要有經驗的人給予其可靠建議的。作為他的主管，你既有更多的閱歷幫助對方看清這個機會是否適合他，又有更多的資源、人脈獲取有效資訊，來辨識機會的可靠程度。無論是透過前者還是後者，都可以藉由你對這個機會和對部屬的了解，來對比目前的工作和機會的優缺點，幫助對方分析做何種決定更有利於他。

第二種方式是「給個緩衝」。對於職業倦怠的部屬，他對於離職的想法一定已經累積了很久。責任感和糾結感拉扯著他，讓他一直保持緊繃，而陷入了一種非此即彼的選擇狀態。也就是要不就繼續做下去，要不就離開。

但其實，繼續做和離開之間有中間地帶，也就是緩衝區。比如，安排休假、轉職、調整工作任務、委託對部屬來說更有價值的工作。這些都是為了讓部屬看到，並不是只有離開這一個選擇，而是當他留在公司，他的選擇可以更多。

心意已決型：判斷方式是部屬提辭職時會用到「雖然……但是……」的句型。

「雖然公司各方面都很好，但是我已經決定了。」

「雖然您提供的機會很難得，我非常感激，但是我還是希望抓住這次改變的機會。」

這類部屬不輕易提離職，但一旦提了，就是深思熟慮、沒有回頭路的決定。這時，你還是可以盡最後的努力嘗試挽留。

首先，對其表達理解。表達對部屬決定的理解和尊重。透過坦誠的對話，了解他離開的真正原因和動機。傾聽他的想法和期待，並展示你對這些問題的重視。

接著，拿出誠意挽留。展示出真誠的挽留意願和決心。明確表達你希望他留下的意願，並闡述你為什麼認為他是團隊中不可或缺的一員。強調他在團隊中的重要角色和貢獻，以及他在未來發展中的潛力。同時，提供具體的解決方案和改善措施，以解決他離開的原因或不滿，展示出你願意為他做出改變，和創造更好工作環境的決心。

另外，邀請更有影響力的主管介入，也是一種方法。如果你感到自己的影響力不足以挽留部屬，可以邀請更有影響力的主管或高階主管參與挽留工作。請他們與部屬進行一對一面談，重申部屬對團隊的重要性，並分享對他的高度評價。高階主管的介入可能會給予部屬更多的信心和動力，使其重新考慮離職的決定。他們的話語權和影響力往往比你大，可以在某種程度上改變部屬的決策。

04 怎麼慰留得力部屬

長假過後的開工日一早，你請得力部屬小李到會議室來，打算和他討論放假前敲定的案子接下來的執行方式。可是你話音剛落，正等著聽小李的想法，卻得到以下回覆：「主管，不好意思，我打算辭職了。」

你心頭一震，心想他應該是找到更好的工作了。而小李卻解釋道：「其實我沒有找新工作，就是覺得比較累，想休息一下調整狀態。」

你聽完這一席話，覺得他不至於辭職，且裸辭對小李也不是最有利的選擇。於是你提議為他安排休假。然而，小李卻拒絕了，一是他不覺得能靠短期休假調整過來，二是他不想耽誤團隊工作的進展，一邊休假一邊掛念著工作，心裡會很過意不去。

後來你又嘗試用其他替代方案跟他談過幾次，但他都婉言謝絕。就這樣，和你並肩奮鬥多年、在工作上被委以重任的小李還是離開了團隊。

近幾年，這種部屬因為疲累而選擇裸辭的情況越來越常見。其實，職場上人人都在承受著不同程度的疲倦。只是，有些累具有階段性，比如要攻克一個大案子，加班拚了三個月，過了這個階段，調整一段時間，員工就緩了回來。這種累，累人不累心。

還有一些累法是持續的身體和內心的消耗，積少成多，或是體現在因為責任心而在工作中強打雞血，但實則疲憊不堪、狀態波動，或是累積到一定程度，無奈選擇離開。這種累是身體也許也很累，但心累大於身累。它超越了一般的疲勞或情緒低谷，而進入了職業倦怠。

越優秀的人，越容易產生職業倦怠

職業倦怠的英文為「Job Burnout」。「Burnout」一詞具象的比喻了這種「燃燒殆盡」的感覺。這一概念最早由美國心理學家赫爾伯特・弗瑞登伯格（Herbert J. Freudenberger）於一九七四年提出，他將其定義為「由於長期工作壓力和無法滿足工作期望，而產生的身心疲憊感」。

當時，他作為一名心理學家和志願者醫生在紐約一家戒毒中心工作。他親眼目睹了醫護人員長期工作的艱辛和壓力，以及他們身心逐漸疲憊的情況。於是，他開始思考這種現象背後的心理狀態，並試圖理解為何一些人會在充滿使命感的工作中變得疲憊和消沉。

透過觀察和研究，他發現**職業倦怠是由一個人長期面臨高度工作壓力、無法滿足工作期望，以及對工作投入的情感能量逐漸耗竭而引起的**。那些一開始熱情洋溢、積極投入工作的人，最終會經歷一種身心疲憊和無法再維持高效工作的狀態。

對於因為職業倦怠產生的離職，預防的作用遠大於救火。想要預防，首先需要先定位目標群體，也就是什麼樣的部屬最容易產生職業倦怠。

簡單來說，越優秀的部屬越容易產生職業倦怠。這類優秀的部屬主要有以下特點：

責任心強：他們對工作充滿使命感，追求卓越並且努力超越期望。他們在做好分內工作的同時，會主動承擔額外的工作量或者分擔你的工作。並且當這樣做的時候，他們是從內心認為他們應該如此。

當你給他們增加工作，或者向他們尋求支持時，哪怕是富有挑戰的事情，他們也總是說：「好的，我想辦法完成。」

然而，他們卻很少向你要什麼，也不會為你添麻煩，他們自己搞定難纏的客戶、自己加班完成工作，自己想方設法取得合作夥伴的配合。他往往不會和你吐苦水，也很少跟你邀功。

個人能力強：他們在工作中有著出色的表現。擁有豐富的知識和技能，並能迅速掌握新的任務和挑戰。他們的才華和能力，使其成為團隊中的中流砥柱，也讓同事們常常向他們尋求幫助和支援。

同時，他們往往自信而又低調。不會誇誇其談，默默努力工作，將精力集中在任務的完成上。當他們面臨困難或挑戰，會主動採取行動並尋找解決方案，而不是抱怨或尋求他人幫助。

他們更傾向於獨立解決問題，很少向你尋求支持或傾訴困擾。這類部屬喜歡自己承擔責任並取得成果，不輕易向他人展示自己的困難或需要。即使面對高強度的工作壓力，也會盡力保持高效和高品質的工作表現。

完美主義：他們對自己和他人都設立了很高的標準，追求一切都做到最好。他們渴望在工作中取得卓越的成就，並不斷追求完美的工作表現。

他們注重細節、精益求精，經常反覆思考和反省，以確保工作的每一個方面都達到最高標準。這類部屬會不斷提升自己的技能和知識，以保持在工作中的競爭優勢。

然而，他們往往對自己要求過高，過度挑剔工作結果。他們可能在工作中遇到困難或面臨挑戰時感到壓力很大。在無法滿足自己設定的完美標準時，他們可能會感到沮喪、失望甚至自責。這種持續的不滿和壓力逐漸累積，最終導致職業倦怠的產生。

富有職業追求：這類部屬不是行走的工作機器，努力工作的背後是對職業目標的追求，並且有意義感的驅使。他們對自己的職業發展充滿渴望，對個人成就和專業發展有著明確的目標和願景，積極尋求成長和提升的機會，會主動參加培訓課程，獲取新的技能和知識。

他們追求在工作中得到認可和回報，希望透過努力工作成為更好的自己。這類部屬有的會在工作中尋求這些機會，有的開始從職場之外探尋自我實現。

他們看上去總是能幹又勤勉，使你既欣賞又需要他們。在雙方的共同作用下，他們不由自主的進入了以下情境，也正是這些情境使其逐漸陷入職業倦怠狀態。

第一種情境是「能者多勞」。所有挑戰的新任務、不好分配的工作都朝他們湧來。因為總是照單全收，讓你誤以為他們仍有餘力，實則已經疲憊至極。

第二種情況是「完美期待」。由於部屬的卓越表現和能力，你和團隊往往期待他們在工作中做到完美。他們被賦予了更高的期望，被要求在各個方面都達到最高水準，期待其在新的任務和挑戰中再次超越自我，其他成員也希望從他們身上得到指導。

他們往往感受到來自自我要求和團隊高期待的雙重壓力。他們可能會過度努力，花費更多的時間和精力來完成任務，甚至犧牲個人時間和健康。

第三種情形是「固守職能」。對於這種能力出眾的部屬來說，他們往往因為在某一特定領域或職能上表現出色，而被固定在這個職能上多年。由於他們的專業知識和技能，他們成為團隊中不可或缺的一員，管理者和團隊對他們的依賴和需求也更大。

然而，這種情況可能會限制他們個人的發展和成長。他們可能因為固守在某個領域，而錯失了跨領域學習和發展的機會。**雖然他們在原有職位表現出色，但在其他領域的發展卻相對滯後。他們可能感到自己的能力和潛力沒得到充分發揮，對現有工作的價值和意義產生懷疑。**

在以上提及的個人特點和工作情境的雙重加持下，這類部屬極易產生職業倦怠的表現，也就是心理學家馬斯勒（Maslach）和傑克森（Jackson）於一九八一年提出的職業倦怠模型中的表現，包括三項標的：情感耗竭、個人成就感降低，以及對工作的冷漠感。

「情感耗竭」是指，員工長期以來對工作所投入的情感、能量逐漸消耗殆盡，無法再提供積極的情感支持。「個人成就感降低」指涉員工對自己的職業發展和工作成果產生的滿足感逐漸減少，喪失了工作的成就感和自豪感。而「對工作的冷漠感」，則表現為員工對工作內容、組織目標和團隊合作逐漸失去興趣和關注，產生疏離感和無所謂的態度。

避免職業倦怠有方法

要預防這些優秀部屬產生職業倦怠，你可以參考以下方法。

調整節奏，有緩有衡：對於優秀的部屬，調整工作節奏是預防職業倦怠的重要策略之一。他們往往習慣於高強度的工作和追求卓越，但長期以來，過度的緊張和忙碌可能導致員工疲勞和失去工作的樂趣。因此，需要在工作中有意的安排「有緩有衡」的節奏。

「有緩」指的是給予適當的休息和調整時間，讓他們有機會恢復體力和精神狀態。這可以透過合理安排休假、靈活的工作時間安排，以及提供工作與生活平衡的支持來實現。同時，你還可以鼓勵他們培養興趣愛好和進行身心放鬆的活動，以提升工作效能和心理健康。

「有衡」則是為他們提供挑戰和成長的機會。優秀的部屬渴望在工作中不斷成長和進步，因此應該為他們制定具有挑戰性的目標和任務，激發他們的潛力和動力。同時，也要提供必要的支持和資源，幫助其克服困難和障礙，在挑戰中不斷成長。

順應特點，抓大放小：根據部屬的優勢和特點，靈活安排工作和設定期望。重點關注他們的大方向和擅長領域，充分肯定他們的優勢和成績，同時降低、減少他們不擅長或不喜歡的環節或細節。

了解他們的專業能力、興趣愛好和個人特點，為他們安排更多與其擅長領域相關的工作，給予其更多的機會和挑戰。同時，即時給予肯定和讚賞，讓其感受到自身價值和成就，從而激發部屬更好的發揮優勢。

在他們面對不擅長或不感興趣的領域時，雖然要降低一定的期望和要求，但也並不意味著放任不管，而是在合理的範圍內給予其支持和幫助，但不要過分期待他們在這些方面達到與其擅長領域相同的水準。理解並尊重部屬的個人偏好和能力範圍，避免施加過度壓力，這樣可以減少其產生職業倦怠的可能性。

規畫未來，助力實現：首先，可與部屬共同制定明確目標和發展計畫。了解其職業願景和目標，幫助他們識別發展方向和路徑，並提供必要的資源和支援，以幫助他們實現職業夢想。其次，可以提供培訓和發展機會，幫助其提升技能和知識。可以透過參加專業培訓、培養領導能力、提供導師指導等方式，幫助部屬不斷學習和成長。

此外，我們還要關注他們的工作成果和表現，即時給予肯定和激勵，讓部屬感受到自己的價值和重要性。同時，也要建立良好的回饋機制，即時溝通工作進展和發展需求，幫助他們在工作中持續進步。

藉由規畫未來和助力實現，讓優秀的部屬感受到個人的成長和進步，增強其工作動力和投入度，預防職業倦怠的產生，並為他們打造一個有發展機會和挑戰的工作環境。

05 離職效應會傳染

不久前，你的團隊中有一名核心部屬離職了。你的團隊原本運作起來非常有效率，大家各司其職，也能互相協作取得成功。但是，這起離職事件改變了一切，它留下了一個巨大的空洞。

你一直在思考如何重新組織工作流程，將原來分配給這位核心部屬的工作重新分配給其他人，繼續保持高效與流暢的協作模式。沒想到的是，接下來的兩天，你又接到了兩位部屬的離職申請，這讓你感到既驚訝又沮喪。

你不明白為何團隊成員像說好了一樣，接二連三離開團隊，你曾經為他們提供了培訓和發展機會，自認為已給予對方足夠的支持和激勵，也沒收到不滿意的反饋或意見。你既想知道為什麼這些人選擇離開，又擔心情況變得更糟，甚至開始懷疑自己的管理能力。

一個部屬的離開引發其他同事相繼離職，這種現象並不少見。**這種「離職傳染」，是員工之間情感傳遞的現象，一旦其中一位離職，其他人也會感受到一定的情感影響。**這種情感影響可能是對組織的不信任、對管理層的不滿、對工作的壓力和不安等，從而引發了其他職員離職的連鎖反應。而且，如果不加以干預這種連鎖反應，就會動搖更多人的留任意願，即使短時間內沒有更多人離開，團隊士氣也會受到沉重的打擊。

離職傳染的發生條件

你可能會問，為什麼有時某位同事的離職是個體事件，沒有對團隊產生傳染影響，有時卻會波及他人？這是因為離職傳染常在以下三種特定條件下發生。

第一，離職員工在團隊中有一定的影響力。當一名關鍵職員決定離開團隊，他的決定會對其他人產生影響。如果這位職員在團隊中有較高的威信，或受到其他人的尊重，那麼其他同事可能會認為團隊和公司留不住優秀人才，這會讓他們感到不安或者不平，從而加劇離職傳染現象。

第二，團隊短期內連續有員工離職。當一個團隊內連續出現職員離職時，其他人可能認為這是團隊的問題而非個人問題。他們會開始擔心自己的前途，覺得離職是唯一的出路。同時，這些員工在離開前，可能會向其他同事透露自己的離職原因，或婉轉或直接的建議這些同事也可以看看其他機會，這都會進一步加劇離職傳染的程度。

第三，近期團隊中有關鍵事件，比如重大變革、棘手的團隊挑戰等。當一個團隊正在面臨富有挑戰性的關鍵變化時，員工往往會產生擔憂和焦慮，甚至可能會不信任管理層的決策。這種不確定性可能會導致他們在觀望到其他同事離職後，索性決定離開。

所以，當你發現目前團隊狀況符合以上三種情況的一種時，就需要警惕可能發生的連鎖離職效應。那麼，在你的整個團隊中，哪些人是最容易受到離職傳染影響的，最需要你關注？

關鍵職員：在職的關鍵員工容易受離職的關鍵職員的影響。同為關鍵員工，他們所承擔的責任、挑戰、發展機會都差不多，那些在離職的關鍵職員身上未得到滿足的訴求，往往也是他們的需求。前者選擇放棄，或者謀求了更好的出路，往往給他們樹立了一個參考指標，容易引發他們的效仿。

關係密切的員工：在調查組織氛圍著名的工具「蓋洛普Q12評測法」（The Gallup Q12）中，有一道這樣的題目：「我在工作單位，有一位最要好的朋友嗎？」可見，有一位要好的朋友一起共事，對員工的敬業度和留任度來說是非常重要的。那麼相應的，如果團隊中自己的好朋友選擇離開，勢必會極大影響形單影隻的另一位員工的留任意願。

新加入團隊的員工：新員工雖然還沒有完全融入團隊文化，也沒有建立起穩定的人際關係，但處在觀望工作是否值得長期留任的敏感期。團隊中離職的風吹草動，都可能影響他的決定。

對工作滿意度低的員工：如果一個員工不滿意工作或管理層，當他看到身邊其他同事離職，可能就會認為這給他提供了做決定的勇氣。

具高度責任感的職員：具高度責任感的員工可能會感到責任重大，認為他們必須在同事離職後接管更多工作，特別是有挑戰的任務，這會導致他們感受到壓力和不安。

穩定軍心的策略

根據易發生連鎖離職的條件和易被傳染離職的聚焦人群，你可以從「團隊層面」和「個人層面」兩個角度出發，有針對性的採取干預措施，穩定軍心。

團隊層面：當一個關鍵員工離職，或接二連三有同事離職時，其影響往往會波及整個團隊的士氣和工作效能。管理者要善加干預，盡量把員工離職對團隊的影響降到最低，透過以下方式，將可能產生的負面影響轉變為積極的機會。

首先，不要猜不要傳，而是由上而下的溝通離職情況。有時候，你可能出於某些原因，不願意將部屬離職的事搬到檯面上說，甚至部屬都已經離開公司了，其他同事才後知後覺的發現。你可能是這樣考慮的：

- 離職總歸是負面事件，讓團隊知道會帶來負面影響，不如就讓大家自然的發覺。
- 這個部屬跟大家不熟，或他的工作跟其他人沒什麼交集，沒必要讓大家知道。
- 我已經告訴幾位同事了，慢慢的大家就都知道了。
- 這個同事是因個人原因離開的，不方便向大家透露。
- 這個同事其實是被勸退或被辭退的，為了保護他的顏面，還是讓他默默的離開。

雖然，這些想法不無道理，但問題在於作為團隊成員，大家有權也有期待去了解身邊的同事是否要離開、為什麼離開。你不講，大家一會認為他們不被信任，二會認為這其中定有內情，於是就去猜，並私下討論。**而越猜、越討論，就離真相越遠。**

所以當部屬確認離職，開始走流程後，你就可以和團隊溝通該部屬的決定，規畫交接。

當部屬是因私人原因離開的，並且不願意你告訴大家內情，可以用籠統的語言概括，或和離職部屬商量好對外的說法，以此告知團隊。比如，部屬因家庭變故離開，可以告訴大家：「前期工作壓力比較大，他需要一段時間休息一下，調整狀態。」

第二，對團隊的健康度做全面診斷。當團隊內部出現接二連三的離職情況時，通常證明了團隊內是存在機制或管理上的問題的。如果這幾位離職同事沒有明確指向團隊內部的問題，或者提出的問題比較分散，那麼這時就有必要即時對團隊問題進行診斷。

訪談是一種有效的診斷方式，透過設計有效的問題，全面的涵蓋從工作體驗、績效考核到職業發展、直屬主管的管理等各個方面，傾聽每個團隊成員的反饋，了解團隊內存在的問題，從而即時干預，讓問題不要越演越烈或被忽視，避免引發更多人的離職。

因團隊問題往往離不開管理的風格和策略，有些問題由作為管理者的你收集可能得不到真實的聲音，所以引入第三方，比如人力資源部的支援，會是更客觀、有效的方式。

個體層面：針對重點離職傳染對象，可以採取以下措施。

第一，盡快安排一對一溝通，了解該部屬對同事離職的想法，傾聽他的訴求。這樣做可以讓離職傳染對象表達自己的想法和感受，讓他感受到被關注和尊重。同時，這樣做也有助於了解他是否存在離職的可能，即時採取措施。

第二，梳理離職員工的工作職責，將它轉變為在職同事的發展機會。經過梳理，你可能會發現未必要再補招一位新員工來承擔離職部屬的職責，而是啟用有發展潛力和意願的其他部屬，透過授權、委派、教練等方式幫助其逐漸承擔起這些職責，將離職同事的遺留工作轉變為在職同事的發展機會。

第三，為擔心要承擔離職員工的職責而感到壓力的同事打消顧慮。在團隊中，可能存在一些成員因擔心要承擔離職員工的職責而感到壓力倍增。在這種情況下，可以透過傾聽他們的期待，打消其顧慮，透過將職責分散給多位同事，或調整任務優先順序和單位大小，以小步快跑的方式來解決問題。比如，分階段安排任務，逐步增加工作量，讓團隊成員逐漸適應新的工作職責。

06

把握離職交接期

小李是一名技術人員，他在公司工作五年，一直表現出色。然而，小李因個人發展而決定離開公司，開始他的創業之旅。

離職的消息傳開後，小李開始了為期一個月的交接，這段本應是平穩的時光，卻變得令他感到失落和無所適從。他逐漸發現自己被排除在團隊之外，原本熱鬧的午餐聚餐，再也沒有收到邀請；團隊會議上的重要討論，他被視為無關人員，不再能參加。

這種被忽視的感覺讓小李倍感失落。他曾是團隊中重要一員，積極參與各項工作，但現在卻感到自己變得多餘。他的工作職責被轉交給其他人，也漸漸覺得自己的存在變得無關緊要。

一次偶然的機會，小李在公司內部的社交平臺上看到了一張團隊慶功晚宴的照片，大家歡笑著慶祝專案的成功。小李發現自己沒有出現在照片中。他心中的失落感達到了頂點，開始認真思考自己在這個公司的付出是否被真正看到和重視。

小李的這段經歷是許多離職員工在離職交接期間所面臨的現實。他們在這個階段本應得到尊重和關注，結果卻感受到疏離和被忽視。這種情況進一步強化了他們離開公司的決定，使他們對公司和主管的感激之情大打折扣。

作為管理者，對人才的留任，始於招聘時對候選人的吸引，終於他離職不再是你部屬的那一刻。然而，有時候由於各種原因，這個終點被提前到員工確認離職的那一刻。從確定離職到正式離開的這段交接期的體驗，被很多離職員工評價為「人走茶涼的日子」。

在這個短暫但關鍵的時期裡，員工經歷了一系列的挑戰和不適應。從一個活躍的團隊成員到逐漸被邊緣化，失去參與專案和決策的機會，他們感到自己的工作職責逐漸被轉移給其他人，甚至有時自己被視為多餘的存在。這種種變化讓他們在工作中感到迷茫和無所適從。

同時，「近因效應」（Recency Bias）也在這段時間對員工產生了影響。他們更容易受到最近發生的事情和體驗的影響，而這段離職交接期的負面體驗，可能會重新定義他們對公司和你的整體評價。這樣的經歷往往堅定了他們離開公司的念頭。

我們應該認知到這段看似平淡又短暫的離職交接期，實際上是對管理者智慧和領導能力的真正考驗。透過採取適當的措施和行動，我們可以為部屬的離開畫上一個完滿的句號。這不僅能讓部屬懷著感恩之情離開，還能讓他們持續認可公司，並影響更多外部人士對你公司的認同。甚至，在未來的合適時機，優秀的前部屬有很大的可能選擇再次回到公司。

那麼，應該怎麼透過主動的意識和行動，為部屬塑造在這段交接期內積極的體驗？只需要關注「五不要」和「五要」。

交接期間五不要

不要持續、大量的增加工作量：避免過度的向部屬分配額外的工作任務或增加工作壓力。這段時間本已是員工面臨調整和離職準備的階段，過多的工作負擔可能會讓他們感到不公平和不被重視，進而對公司產生負面情緒。

你這麼做也許是出於接替的人還沒有到位，擔心工作有積壓，或者是希望部屬能夠盡最後一份力，但在部屬看來，他很可能認為自己直到最後都在被壓榨每一分勞動力。

不要馬上抽調部屬的所有工作：別立即將他們負責的所有工作轉交給其他人，或者自己承擔，否則可能會引發一系列問題。首先，這樣的做法會讓離職員工感到被排斥和失去存在感，他們可能會覺得自己的工作價值被輕視，甚至認為自己不被重視。

此外，立即抽調部屬的所有工作，也會給其他團隊成員帶來額外的負荷和壓力。他們需要接手並適應新的工作職責，需要花費更多的時間和精力，來完成原本由離職員工負責的任務。這不僅會影響團隊的整體效率，還可能導致其他成員感到不公平和不滿。**適當的交接過程需要時間和平穩的過渡，以保證任務的連續性和品質。**

不要疏遠員工，或將其排除在團隊活動之外：即使員工即將離職，也不應將對方排除在團隊活動之外使其感到孤立。保持與離職員工的正常溝通和合作，邀請他們參與團隊活動、會議或慶祝活動，讓他們感受到仍然被認可和重視。

不要立即切斷部屬參與任務和決策的權利：盡管員工即將離職，但在離職交接期間仍應尊重他們的專業能力和參與權利。不要過早將他們從專案或決策中排除，而是給予適當的機會參與。這不僅能保持團隊的穩定性和工作效率，也能讓員工感到被信任和重視。

不要在離職交接期間，給予員工過度的監督或干涉：離職交接期是員工自我調整和離開準備的關鍵階段，不宜給予過多的干預和監督。過度干預會讓員工感到被壓迫和不自由，也可能對其自尊心和自信心造成傷害。相反的，應該給予他們一定的自主權和空間，讓他們以自己的方式完成工作。

應該做到的五個要

要溝通你的期待並傾聽部屬的意願，確保雙方達成一致：作為管理者，在離職交接期間，與部屬進行積極的溝通非常重要。首先，明確向部屬傳達你對於離職交接的期望和目標，讓他們清楚知道你對於交接過程的重視和期待。同時，也要傾聽部屬的意願和需求，了解他們對交接過程的想法和建議。透過積極的溝通，雙方可以達成一致，並確保交接期的順利進行。

要部屬制定交接計畫，由你提供反饋建議：為了保證離職交接的有效進行，鼓勵部屬制定詳細的交接計畫。讓部屬列出需要完成的任務、交接的事項以及相關的時間表，然後作為管理者，你可以審閱計畫並提供反饋和建議。這種做法有助於確保交接工作的全面性和高效性，同時也讓部屬感受到你對他們交接工作的支持和關注。

要開放尋求部屬對團隊和管理的建議：主動向部屬尋求他們對團隊和管理的建議是非常重要的。他們作為團隊的一員，可能有獨到的觀察和想法。透過給予部屬表達意見的機會，你不僅可以了解他們對團隊運作的看法，還可以從中收集寶貴的反饋和建議。這種開放的溝通氛圍有助於建立良好的合作關係，增加員工的參與感和歸屬感。

要給予真誠的感謝和肯定：別忘記給予部屬真誠的感謝和肯定。他們在公司的工作和貢獻都值得被認可和讚賞。透過口頭或書面方式，讚賞他們在團隊中的努力和成就，讓他們感受到工作有得到肯定和重視。這樣的鼓勵和認可，能增強員工的工作滿意度和離職後對公司的正面評價。

要用心舉辦有儀式感的告別活動：在員工離職的最後階段，舉辦一個有儀式感的告別活動是十分重要的。這個活動可以是一個小型的團隊聚餐、送別會或慶功會等形式。透過這個活動，向離職員工表達感謝和祝福，回顧他們在公司的成就和貢獻。這個儀式感的告別活動可以讓員工離職時感受到被重視和珍惜，同時也為員工和團隊之間的關係留下美好的回憶。

07 好聚好散，人情留一線

作為管理者，有時你會陷入兩難的境地。一方面，你必須確保團隊整體的績效和目標的實現；另一方面，你也要確保部屬個人的能力發展能夠跟上團隊的節奏。因此，當你發現部屬的工作表現在短時間內難以改進時，往往會陷入決策的兩難中。

或許你聽過一句話，沒有辭退過員工的主管不是好主管。這種說法給人一種印象，即為了證明自己是個好主管，你必須果斷行動，痛快的辭退表現不佳的部屬。然而，遇上這類情形，實際發生的情況往往更複雜。面對你親手招聘並培養的部屬，甚至是曾經表現優秀，但現在面對變革下新要求跟不上的戰友，在做抉擇時，你可能會有所猶豫和拖延。

這份糾結背後，有四種典型的思考方式在左右你。

不至於：你可能會認為辭退對部屬來說太過嚴厲或不公平，尤其他們曾經表現得很出色時。你覺得他沒有功勞也有苦勞，仍對他抱有改進的期望，或沒想到他的落後，會對團隊造成一定程度的影響。

捨不得：你可能與部屬建立了良好的人際關係，甚至成了朋友。辭退他們可能會破壞這種關係，使你感到內疚和心痛。你珍惜過往你們建立的信任關係，不想傷害他。

不忍心：你可能難以忍受對員工造成痛苦和困難。辭退會給他帶來失落感、自尊心受挫或財務壓力，你不願意成為部屬遭遇困境的導火線。你希望自己一直是那個可以給予他支持和鼓勵、幫助他重新振作的人。你擔心對他的決策過於苛刻，會帶來負面影響，甚至是其職業生涯的重大打擊。

不直面：你可能擔心辭退員工會對你的領導能力和決策能力產生負面影響。同時，你會擔心跟部屬溝通離職時，他會質疑你的判斷力，對你失去信任，甚至產生對峙。因此，你可能會推遲或迴避做出辭退決策，希望透過其他方式解決問題。

在這些思維的糾纏下，局面往往會演變得更加難以收拾。可能會出現以下幾種情況：

- 你以為你跟部屬說明白了，但部屬卻沒理解你的想法。

在面對部屬表現不佳時，你嘗試與他溝通和反饋。你認為自己已經清楚傳達了對其工作表現的期望，並與他討論了改進的方法。然而，對方可能沒有完全理解你的期望，且沒意識到如果達不成你的期望，他將面臨什麼樣的後果。

- 你遲遲沒做出辭退他的決定，卻換來了其他優秀部屬的主動離職。

當優秀的部屬看到你對表現不佳的員工採取遲疑的態度時，他們可能會對你的管理能力和決策能力提出質疑。他們希望在一個高績效的團隊中工作，當感受到團隊對低績效員工的容忍和不作為時，他們可能會選擇離開來尋找更好的發展機會。

• 到必須做決定時，你突然攤牌讓部屬一時難以接受。

在一段時間的觀察後，你不得不決定與其進行一次關鍵的談話，涉及你對他的績效問題的看法和終止僱傭的決定。而因為之前缺乏鋪墊，這種突然的攤牌對於部屬來說很大機率是個意外，他們會感到震驚、沮喪或失望。他們沒有預料到自己的工作表現已經到達了這個臨界點，或者他們不願意承認自己的問題，甚至根本沒有意識到。於是，你的談話陷入了被動的僵局。

所以，為了規避以上情形，確保能和部屬好聚好散，需要從思維、時機、方式同時下功夫。

判斷辭退部屬是否是正確的選擇

管理動作的改變源於思考方式的轉換，以下三個觀念能幫你確定辭退該部屬，是否為正確的選擇。

首先，作為優秀的管理者，即時做出艱難決策並主導艱難的對話，是必要的修煉和責任。作為管理者，你需要有勇氣面對艱難對話並即時行動。這意味著要能正視部屬的表現問題，並即刻進行必要的溝通和反饋。辭退對方，是為了整個團隊和組織的長遠利益著想。做出果斷且公正的決策，是關注團隊整體績效和負責任態度的表現。

再者，幫助部屬盡早選擇更適合他的機會，比將他固定在不適合的職位上，更有利於他的職業生涯發展。

如果發現部屬的工作表現不符合職位要求或團隊需求，就應該幫助他們認知到這一點，並探討和發掘其他更適合他們技能和興趣的機會。部屬在這份工作上表現不佳，不代表在別的工作上沒有機會。盡早引導對方找到適合自己的方向，可以避免他們陷入職業瓶頸，並有助其個人成長和職業發展。而因為種種顧慮將部屬困在不適合他能力發展的位置上，看上去是為了他好，實際上他會錯失即早找到更能發展自我的機會。

最後，帶著尊重、以工作為優先考量的行為，並不會損害你和部屬的關係。

有時你難免擔心，勸退這樣的決策會影響你和部屬建立的良好關係，讓對方認為你放棄了他。但實際上，如果你在幫助其改進上給了他理解、提升的時間和機會，並在他實在無法達到要求時，能始終對他保持尊重和積極的態度，那麼對方會感受到你用心良苦。

選擇合適時機

在處理部屬工作表現不達標的情況時，選擇適當的時機非常重要。千萬別等到實在忍無可忍，才突然跟部屬談請他離開，這樣做不僅會讓對方措手不及，也可能對工作關係和團隊氛圍造成負面影響。

所以，及早介入是關鍵。當你開始察覺部屬的工作表現存在問題時，不要拖延，及早溝通和反饋，讓其知道你對他們的期望和關注。透過早期介入，你可以幫助他們意識到問題，並共同制定改進計畫。這有助於防止問題進一步惡化，並為部屬提供改進的機會。

運用恰當方式

在部屬的去留上，轉變思維能推動你做出正確的決定，選擇時機使你掌握干預的主動權，而運用恰當方式可以保障你達到預期的效果。想要做到好聚好散，既要給予部屬改進機會，又要關注走到勸退這一步時的談話技巧。

首先，重視過程行動，其中包括以下三點重要事項：

- 明確指出待改進的問題，期待達成的標準，並指出如不達標的可能後果。與部屬坦誠的討論存在的問題，並明確指出需要改進的方面。清晰的說明預期的標準和期望，以確保對方理解問題的嚴重性和必要性。同時，明確表明如果問題未能得到改善可能產生的後果，以引起他們的重視。
- 與部屬針對改進計畫達成一致。與部屬合作制定改進計畫是十分關鍵的一步。透過積極的溝通和協商，一起探討可能的解決方案和行動步驟。確保部屬清楚認識計畫的內容和目標，並在制定過程中尊重他們的意見和建議，建立共同的合作關係和目標，這樣將有助於激發部屬改進的積極性和主動性。

- 定期即時追蹤部屬改進進度，給予反饋。與對方保持定期的溝通和回顧，了解他們的改進進展，並提供有針對性的反饋和建議。這種持續的支持和指導，將幫助對方保持動力和方向感，同時也使你能夠即時調整計畫或提供額外的支持，以確保改進的順利進行。

其次，進行勸退談話。在透過雙方一系列努力但仍未能達成預期目標時，就進入了最終的勸退談話階段。雖然有前期鋪墊，但在談話仍要注意以下幾點：

- **開門見山**。在談話開始時，直接表明談話的目的和意圖。坦誠的告訴部屬，你們已經盡力合作和改進，但很遺憾他沒有達到預期的目標。這種坦率和直接有助於消除猜疑和不確定性，讓雙方都明確當前的狀態。
- **有理有據**。在談話中，提供確鑿的事實和數據來支持決策的合理性。引用過去的績效紀錄、具體的案例或觀察結果，幫助部屬認識到問題的嚴重性，以及其持續的努力並沒有取得足夠的改善。確保所提供的訊息客觀、準確，以增加談話的可信度和說服力。
- **表達尊重與安慰**。在勸退談話中，表達對部屬的尊重和理解是非常重要的。強調你認可他們在過去的貢獻和努力，並表示你理解這對他們來說可能是一個困難的時刻。同時，提供情感上的支持和安慰，讓他們感受到你關心他們離職後的職業發展和個人幸福。
- **合理補償**。在勸退談話中，提及對部屬的合理補償是必要的。這可能包括提供相應的離職待遇、幫助他們順利過渡到新的工作機會或職業規畫，或者提供其他形式的支持和幫助。提前諮詢人力資源部，確保補償方案公正合理，既滿足公司的需要，也照顧到對方的權益和利益。

- **提供選擇。**盡可能為部屬提供一些選擇和控制權，以便他們能在離職的決定中有更多主動性和自主權。這可以包括討論離職時間的安排、配合新工作的背景調查等方式，來幫助他們更從容應對離職的挑戰。

08 帶領團隊的底層邏輯

這一章我們講解了多種留住部屬的方法，從如何早期識別、辨別及預防其離職傾向，到如何對提出離職的部屬進行挽留。但其實，雖然這些方法能在不同程度上影響對方的留任意願，但它們並不是起到決定性作用的做法。

提升部屬留任意願的目的，是讓他們人在、心在，且能夠心手相隨，離不開工作職位一以貫之的底層邏輯，就是必須滿足對方的核心需求：生存、關係、成長。

美國耶魯大學的克雷頓．埃爾德弗（Clayton Alderfer）於一九六九年，在馬斯洛需求層次理論（Maslow's Hierarchy of Needs）的基礎上，提出了一種新的人本主義需要理論。這個理論將需求劃分為三個層次：生存需求（Existence needs）、關係需求（Relatedness needs）和成長需求（Growth needs），因而這個理論被簡稱為「ERG理論」（ERG Theory）。

「生存需求」類似於馬斯洛的生理和安全需求。它包括個體對於生存所需的物質條件，例如食物、水、住所，以及個體對於工作環境的安全和穩定的需求。

「關係需求」指的是社交和尊重需求。它涉及個體與他人之間的關係、歸屬感和社交交往的需求。這包括個體對於友誼、家庭、團隊合作和尊重的渴望。

「成長需求」是個體需要自我完善和發展的需求。它涉及個體對發展、個人成就和個人能力實現的追求，其中包括個體對於個人成長、挑戰、創造性工作和職業發展的渴望。

與馬斯洛的需求層次理論不同，埃爾德弗認為這三個層次的需求不是按照線性的層級逐步實現的，而是可以同時存在和互相影響的。例如，一個人可能同時追求生存需求和關係需求，或者同時追求關係需求和成長需求。當某一層次的需求無法得到滿足時，個體可能會轉向其他層次的需求。

埃爾德弗的ERG需求理論，提供了對人類需求和動機的另一種理解方式。它強調了需求的複雜性和多樣性，並提醒我們在滿足員工需求時靈活和綜合考慮不同層次的需求。

回顧本書前四章內容，其實無一不遵循部屬「生存、關係、成長」這六個字的核心需求，透過知人善任的領導力，和部屬建立起緊密的紐帶，使其在不斷看到自己的成長和更多可能性中，選擇陪伴企業和作為管理者的你走更長一段職業旅途。

作為全書的最後一節，這些概念將會向你展示這六字的底層邏輯是如何嵌入從「選」到「留」的過程（見下頁圖5-2）。

選對人

應徵時是求職者體現個人需求最集中也最直接的時刻。準確識別他的需求，再將你能提供的與之最大化的匹配，即打下了和新人最早期卻也是起奠基作用的基礎。

生存需求：面試時，關注對方的求職外動機，識別客觀條件上應徵者的剛性需求是什麼，以及抱持著什麼樣程度的期待。比如，薪水的底線、通勤時間的預期、工作與生活平衡的期待、工作強度的接納程度等。

將這些需求一一對應到你能提供的方面，在能滿足甚至高於應徵者期待的部分去吸引他，在與其期待有差距之處與對方澄清討論，試圖找到可

▼ **圖5-2　管理者的用人之道**

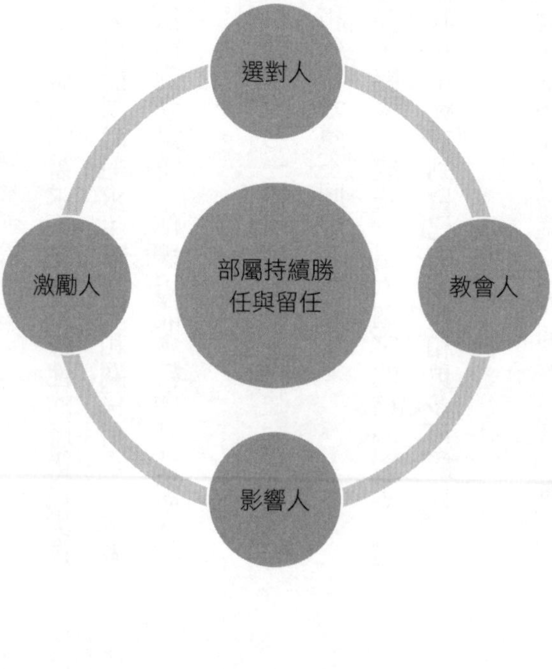

以平衡需求的點。

成長需求：重視對方的成長需求，透過他過往的經歷、面試中對你進行主動提問時的關注點，識別出他對什麼領域感興趣、有優勢，想在什麼方面實現長足發展。主動向他介紹你能提供的學習、成長機會，以及職位的發展路徑，讓他看到在你這裡將能如何一步一步的實現個人成長。

關係需求：在招聘階段就與對方建立良好的互動關係，耐心解答他的問題，對他的回答表達興趣和關注，為其爭取更好的待遇，確保入職前就建立部屬對新團隊和新主管的初步歸屬感。

教會人

關於指派任務，最重要的是處理好部屬的成長需求：

每一回指派工作任務，都澄清任務目的、充分互通想法，讓部屬養成帶著清晰的思路和邏輯開展工作的習慣，並盡量減少因為任務說明不清楚，而導致部屬反覆調整，幫助他從任務的有序實現中找到成就感，並逐步增加任務的複雜度。

依據部屬所呈現的成熟度的階段不同，運用情境領導力，因人而異、因時而異地選擇適合他的輔導方式，讓其在信心不足時有清晰的指令能依循，在能力充足時能獲得足夠的授權。

在對方向你求助時，分析該任務是否是他的職責所在，以及其是否有能力接受挑戰，並將屬於他的「猴子」按回他的肩上，不因你的過多承擔而使部屬錯失自我成長或試錯的機會。

抓住每個激勵部屬的機會，善用教練式提問，讓他從「你說我做」轉變成「你問我想」。幫助對方在思考中找到問題的答案，在付諸實踐印證答案的過程中找到自信。

影響人與激勵人

關於激勵與建立關係要點，請留意關係與成長需求：

當部屬犯錯必須指出他的問題時，做到先調查清楚再做判斷，對事不對人，並展現積極提供支援的態度，幫助他理解自己要改進什麼、為何需要改進以及如何改進。此外，透過表達尊重與信任，減輕部屬的挫折情緒，讓他視犯錯為成長的機會，意識到只要積極去改進，並不會影響你對他的評價，甚至能得到更多的認可。

遇到易衝動、一點就著的部屬，要先做到不被他的情緒所干擾，然後引導其識別當下的情緒和來源，教他把負面情緒轉化為積極的行為，讓他理解不加調整的負面情緒宣泄，會給自己及團隊的工作帶來什麼樣的影響，激發他改變自我的動力。

面對敏感、易感到委屈的部屬，要耐心聆聽對方說了什麼，透過「我理解你」、「你一定覺得很委屈」這樣的話語，讓對方感受到他的情緒是被理解和看見的，挖掘委屈背後的情感需求或工作上的挑戰源頭，幫助他想辦法解決問題，讓部屬感到自己不用一個人承擔全部責任，而是能透過你的支持來改善問題。

每當發現部屬做得好的地方，無論是行動、想法還是意識，都能選擇合適的場合真誠的表達欣賞和感謝，而不把對方的進步、主動承擔等當作是理所應當。讓其透過你這面鏡子照見自己每一分有價值的付出和進步，也在你的欣賞下進一步提升自我效能感。

和部屬建立「二級關係」，把對方從只看作一個履行職責的「角色」，轉變為看作一個整體的、有名有姓的人。主動、適度的袒露你的故事、想法給對方，讓其願意敞開心胸，讓你了解更完整的自己。讓雙方除了工作關係，逐步建立朋友般的了解與默契。

這些在不同階段、不同場景下滿足部屬不同需求的情境，其實沒有順序，而是融合在一起的。正如埃爾德弗在ERG需求理論中所強調的，這些需求可以同時存在並且互相影響。所以，對部屬的激勵、賦能與保留，是潤物細無聲的在日常工作中自然而然的滲透。

以下這些問題，可以幫助你察覺，自己是否在日常工作中關注到了並且主動嘗試滿足部屬的這些需求。

生存問題：

- 我是否知道這位部屬認為他得到了公平的薪酬待遇，並且認為這份薪酬待遇能匹配他的付出與成績？
- 我是否了解這位部屬為什麼選擇在這裡工作，而不是其他公司？
- 我是否知道這段時間這位部屬的情緒、身體健康和整體狀態是否良好？

- 我是否了解這位部屬對工作綜合情況的滿意度？

關係問題：

- 我是否與這位部屬保持開放、信任和相互尊重的關係？
- 我是否知道這位部屬的價值觀與公司的價值觀和文化一致？
- 我是否知道這位部屬與其他同事或合作夥伴的關係如何？

成長問題：

- 我是否了解工作環境符不符合這位部屬的個人和職業需求？
- 我是否了解並支持這位部屬拓展他的興趣或才能技能？
- 這位部屬是否對自己的工作表現出熱情和熱忱？
- 我是否知道這位部屬當前的工作與他的長期目標一致？
- 我是否正在與這位部屬積極合作，使他朝著他的職業目標努力？
- 我是否積極支持這位部屬透過培訓和具有挑戰性的學習機會進行發展？

帶人高手重點筆記

讓新人順利度過搖擺期

- 新人通常需要九十天來證明自己在新職位上的能力，同時穩固自己長期留任的決心。
- 新人在新職位上越感受到受歡迎、越認為自己準備充分，就能越快的為實現價值、發揮自己的能力，越堅定的認同新工作與自己的匹配性。
- 好的入職體驗需要從甄選、自我效能、職責清晰度、社交融入度、企業文化知曉度五個方面來下功夫，促進新人的成功入職與留任。

預先進行留才工作

- 當部屬決定離職時再介入便為時已晚，要在其離職念頭的萌芽期，甚至還沒有產生想法時，就用保留的態度和方法提升其穩定性。
- 重視入職談話：有效的交談，既能讓你對新人多一份了解，也能讓對方感受到你從他入職起就重視他的留任意願，並願意為此付出精力與時間與他溝通。

・開展定期的留任面談：透過週期性面談了解部屬的工作狀態，獲知其留任的驅動點，預測他的離職傾向，並規畫必要的介入措施。

了解核心部屬的狀態與訴求

・越優秀的部屬越容易產生職業倦怠，對於因職業倦怠產生的離職，預防的作用遠大於「救火」。在發現倦怠的苗頭時，透過幫助部屬調整工作節奏，抓大放小，規畫未來發展等，協助他度過這段倦怠期。

・核心部屬一旦請辭，在你採取應對措施時需注意：立即干預不拖延，在一定範圍內將部屬的離職訊息保密，並快速識別部屬的請辭類型。

・分析部屬的請辭類型，是一時衝動型、糾結不定型，還是心意已決型，再根據具體類型來採取相對應的介入措施。

後記
領導力是鏡子，照自己也照他人

大約是十年前，我去我的前主管家裡做客，隨行時帶了一本書送給她。她接過書，對我說了這樣一句話：「Aileen，我覺得有一天，妳也可以出一本自己的書。」雖然當時我說著客套話回應了她，但其實，這句話早在我的心中泛起了一圈又一圈的漣漪。其實在此之前，我就有一個將職業生涯上的所學、所做、所感分享給更多人的理想，它像一個小火苗，若隱若現，我也尚未清晰篤定。前主管的這句話，是第一次有一個人，將我心裡所想所願清晰的表達了出來，可以說，她替我肯定了自己的願望。

奇妙的是，去年，我和一位前部屬聊天，無意中聊起最近看的書的話題，她竟然說了一句和我的前主管十年前說過的一模一樣的話：「我覺得有一天，妳也可以出一本自己的書。」其實那個時候，我已經在默默的籌備這本新書了，只是時機未到，我誰也沒有說起。我品味著跨越十年這一模一樣的話，笑而不語。

我想到了什麼呢？如果用一個比喻來形容，我的感悟是：**「領導力就像一面鏡子，既照見自己，又照見他人。」**

領導者是部屬的一面鏡子。藉由主管的觀察、識別、理解，透過反饋，部屬得以照見職場中的自己是誰，擅長做什麼，有什麼提升點，又有什麼自己尚未看見的機遇。

與此同時，部屬也是領導者的一面鏡子。在和部屬的互動中，領導者藉由部屬的表現、反饋，得以看見自己哪裡做得好，哪裡有侷限，哪裡有新的自我成長可能性。

在職業生涯中，那些讓我們有所成長、看見自我的人，不管是我們的主管還是部屬，都是我們的貴人。同時，作為領導者的我們，也是他人的貴人。

我得以寫成這本書，也無不是靠一路貴人相助。

感謝我的歷任主管、團隊的夥伴們，書中的各種痛點、案例、方法論總結，大多數都受啟發於我在帶團隊時的真實管理情境，感謝他們使我在領導力方面有機會學習和踐行。

感謝我的好朋友，一位深耕溝通領域十六年的培訓師，也是暢銷書《HR教你做團隊溝通》的作者——安吉小麗娜。從我把寫書的想法變成決定，到把決定變成現實，她把所有經驗都毫無保留的給了我，讓我的寫書之路走得篤定又充滿力量。

感謝我的編輯老師。當我因日常事務繁忙想要拖稿時，趙編輯用「可以晚一點交」這溫柔而堅定的幾個字，讓我提振起精神，快馬加鞭的做到了按時交稿。當我看到我的十四萬字稿件被她逐字逐句的審核和提出改進意見時，以及她和我一同腦力激盪，提出各種讓我拍手稱讚的書名方案時，還有當她反覆與我商議圖書排版、封面設計，以精益求精時，我感到自己非常幸運。

最重要的是要感謝秋葉大叔。秋葉大叔不光讓我認識了很多優秀的前輩，還給本書提供建議，幫助我定位到了最適合的方向，圓了我的寫書夢。可以說，是秋葉大叔讓我看到了自己更大的潛能，建立了「我可以」的強大信心。

感謝我的爸爸、媽媽和婆婆，盡心盡力愛著我的這個小家，讓我能有餘力做自己。感謝我的先生蘇偉，了解我、理解我，總在我最需要支持的時候堅定的做我的後盾。

此外，我想把本書獻給我的兩個女兒，大女兒習習和小女兒悠悠。妳們給了我這世上最美好、最珍貴的禮物——無條件的愛與信任，是這份愛讓我總是深感幸福，是這份信任讓我總是充滿勇氣。謝謝親愛的女兒們，讓我總想再努力一點成為一個更好的自己。

最後，特別感謝讀到這裡的你——本書的每一位讀者，是你的選擇，讓我的「創造」得以被看見，讓我獲得源源不斷的能量，並持續前行。

國家圖書館出版品預行編目（CIP）資料

帶人高手：教了、罵了，還是沒進步？火爆的、會哭的部屬怎麼溝通？選人、用人、留人的痛點管理與應對策略。／賈琳潔著. -- 初版. -- 臺北市：大是文化有限公司, 2025.01
352 面；17×23公分（Biz；476）
ISBN 978-626-7539-64-4（平裝）

1. CST：企業領導　2. CST：組織管理　3. CST：職場成功法

494.2　113015734

Biz 476

帶人高手

教了、罵了，還是沒進步？火爆的、會哭的部屬怎麼溝通？選人、用人、留人的痛點管理與應對策略。

作　　者／賈琳潔
責任編輯／陳家敏
校對編輯／陳竑悳
副 主 編／蕭麗娟
副總編輯／顏惠君
總 編 輯／吳依瑋
發 行 人／徐仲秋
會計部｜主辦會計／許鳳雪、助理／李秀娟
版權部｜經理／郝麗珍、主任／劉宗德
行銷業務部｜業務經理／留婉茹、專員／馬絮盈、助理／連玉
　　　　　　行銷企劃／黃于晴、美術設計／林祐豐
行銷、業務與網路書店總監／林裕安
總 經 理／陳絜吾

出 版 者／大是文化有限公司
臺北市 100 衡陽路 7 號 8 樓
編輯部電話：（02）23757911
購書相關資訊請洽：（02）23757911　分機 122
24 小時讀者服務傳真：（02）23756999
讀者服務 E-mail：dscsms28@gmail.com
郵政劃撥帳號：19983366　　戶名：大是文化有限公司

香港發行／豐達出版發行有限公司 Rich Publishing & Distribution Ltd
地址：香港柴灣永泰道 70 號柴灣工業城第 2 期 1805 室
Unit 1805, Ph.2, Chai Wan Ind City, 70 Wing Tai Rd, Chai Wan, Hong Kong
電話：21726513　傳真：21724355
E-mail：cary@subseasy.com.hk

封面設計／職日設計
內頁排版／家思排版工作室
印　　刷／韋懋實業有限公司

出版日期／2025 年 1 月初版　　Printed in Taiwan
定　　價／新臺幣 480 元
I S B N／978-626-7539-64-4
電子書 ISBN／9786267539620（PDF）
　　　　　　9786267539637（EPUB）